李芽

上海戏剧学院舞台美术系教授，博士
生导师。上海市"曙光学者"。公众号"东
方妆道"创办人。曾任北京大学、台北艺术
大学访问学者，纽约大学 TISCH 艺术学院
高级研究学者。长期从事艺术史及服饰史
的研究与教学，并致力于对中国古方妆品
与妆容复原工作的研究与推广。

代表著作有：《中国古代首饰史》（江苏
凤凰文艺出版社，2020）、《耳畔流光：中国
历代耳饰》（中国纺织出版社，2015）、《脂
粉春秋：中国历代妆饰》（中国纺织出版社，
2015）、《中国古代妆容配方》（中国中医药
出版社，2008）等。

陈诗宇

笔名扬眉剑舞，服饰史与工艺美术学
者，策展人，影视剧服饰顾问与指导。

从事服饰史研究、传统工艺美术调研
出版工作多年，参与大量古代服饰造型复
原项目及展览策划，将历史资料还原为立
体造型服饰。并于北京服装学院攻读服饰
文化研究博士学位。担任中央电视台《国家
宝藏》等文化节目历史与服化道顾问、《清
平乐》等影视服化指导。

中国
妆容
之美

李芽 陈诗宇

著

湖南美术出版社
·长沙·

序

李芽老师是我的朋友，很多年前她由上海戏剧学院来北京大学学习期间，我们曾在一起学习古代美学、古代艺术，那时她常来燕南园我们美学中心的图像阅览室，我还清晰记得她沉浸在古代图像世界里那痴迷的研究状态。她的研究集中在古代妆饰领域，这可以说是一个冷寂的研究之地，但就中国古代审美活动展开来说，这又是不可忽视的方面，毕竟妆饰是人精神风貌的体现，《世说新语》记载很多士人的精神风采，就多从形貌描绘引入。那时候我读了她的《中国历代妆饰》（中国纺织出版社，2004年）一书，那是一本介绍中国古代妆饰发展历史的著作，对了解中国古代妆饰史和妆饰文化，深入研究中国古代审美文化的发展，都有重要的参考价值。

　　十多年来，她一直在这一领域深耕，并有着实质性的拓展。她沿着前人研究的路径，在首饰、妆容研究上不断取得令人欣喜的新成果。前几年主要由她领衔编纂的《中国古代首饰史》三卷本出版，可谓继《中国古代服饰史》（沈从文）、《中国古代金银首饰》（扬之水）之后，中国古代服饰研究的又一里程碑式著作。该书对中国古代首饰发展的历史做了清晰的勾勒，对首饰发展变化的内在动因做了深入的探讨。出版后，研究界、读书界好评如潮。我也深感她在妆饰研究上的路子越来越宽，为中国古代审美文化史的研究开辟了新天地。

　　最近我读到她将要出版的《中国妆容之美》，研究的对象同样是古代妆饰，侧重点在妆容——化妆与美容。这方面的研究很匮乏，妆容是活动的人身上的风景，古人远矣，她们的妆容只能留在今人的想象里，在文字材料和图像资料里留下若干踪迹，非对此有深研细究者难得其详。

她所做的工作，首先是妆品的探究。妆品是实施妆容的物质承担者。她和学生一起，通过文字资料和图像中的蛛丝马迹，复原了 32 种古方妆品，几乎囊括了中国古代彩妆的所有门类。在此基础上，她追踪古代妆容的设想和思路，如啼妆、佛妆、时世妆等，试图寻找妆容形成的内在逻辑，打开隐匿在历史背后的妆容世界。该书大量的妆容图谱，就是对古代妆容的复原和分类，读者可以根据这些鲜活的图谱，大体了解古代妆容的沿革、走向以及藏在妆容背后的思想和文化脉络。

重视妆饰背后的思想文化脉络，重视妆容中体现的审美思维，一直是李芽老师研究妆饰的优先角度。其实在十多年前出版的《中国历代妆饰》一书中，就可以看出她这方面的研究路向，那本书就结合古代美学发展的逻辑、诗词中对妆容的描绘，尽可能生动地展现古代妆饰的美感世界。画眉深浅入时无，化妆和美容，背后反映的是人们美化生活的理想，尤其是女子的妆容，不仅有审美方面的因素，更受到多种文化因素的影响，权力的威势、道德的约束、精英文化和市井文化的不同趣味，都在不同时代的女子妆容上打下深深的印迹。女为悦己者容，女子的妆容如何从"活在他人眼光中"的从属性装扮，发展到自我活泼

生命的真实呈现，其间存在着巨大的研究空间。这部
饶有兴味的著作，带着读者进入这一斑斓的世界，使
我们透过历史的帷幕，看到云想衣裳花想容的美好，
也看到被支配的从属性存在在妆容中刻下的屈辱和
坚韧。

朱良志
2021 年早春于北京大学燕南园

前言

妆容，特指对于人体肉身的修饰，主要包含化妆与美容。对中国女性妆容历史的研究并非显学，而且极其小众。

　　我们知道，研究古代物质文化，第一手资料首先来自出土文物，其次来自典籍记载，再次来自传世绘画与雕塑中的物质造像。结合以上资料，研究者一般可以勾勒出不同时代物质形态的大致轮廓。然而，妆容和发式却是个例外，因其必须依附于人的肉身而存在，肉身一旦腐烂，妆容和发式也就无从依附，正所谓"皮之不存，毛将焉附"。所以，妆容几乎是没有出土实物资料可以借鉴的。在典籍记载方面，历代官方舆服制度中，对于面部妆饰，除了明代后妃礼服制度中作为首饰的一个门类记载有"珠翠面花"之外，其他朝代无一记载。正史笔记、诗文小说、戏曲杂记中虽有大量提及，描绘得天花乱坠，但大多只见其名，不知其形，真正要细究起来，又都如云里雾里一般。因此，我们只能从留存下来的人物绘画和雕塑造像中去做一些探寻。但妆容又有极其微妙的色彩变化，且不论凭借当时画师的写实水平与画材，是否能够通过绘画作品准确传达原貌，单单经历漫长的岁月侵蚀，又有多少真实能够有幸留存？汉代以前的绘画中只能大致看出人物眉形和唇形，要到魏晋才有比较可靠的面妆图像资料。但图像无声，文字无像，研究者又只有通过个人的想象与理解，为图像与典籍中记载的名称寻找一种相对合理的对应，这样一来，和历史真相的出入便很难判断了。这些就是这门学科研究的不易与艰难。

即使如此，梳理也是必要的，尽管有无数疏漏和不确定性，但历史研究最终呈现的只能是部分的真实。因其艰难，尝试性的探索也就具有特殊的挑战意义。妆容造型是一门视觉艺术，仅仅停留在文字层面的阐述无疑有隔靴搔痒之感，因此我们制作妆容图谱的想法也就自然而生。

同时，对于妆容的研究，如果仅停留在视觉考证方面，无疑只是触到了皮毛，探寻、解读妆容现象背后的文化一直是笔者最为感兴趣的方向，本书也在这方面进行了尝试。虽然妆容方面的诸多出土文物最早可追溯到史前时代，像绘身、文身、穿耳、凿齿等妆饰习俗都是明确可考的，但直到两汉时期，妆容文化才受到社会主流意识形态的重视，并且形成了被社会普遍接受的审美规范。

汉初，受"黄老之学"自然无为思想的影响，中国女性的妆容普遍简约素朴、清新淡雅。随后，汉武帝"罢黜百家，独尊儒术"，儒学体系逐渐成为汉族社会的统治思想，这种思想体现在妆容修饰上，其一是主张有克制的修饰，将妆饰与修身养性结合起来，提出"礼义之始在于：正容体，齐颜色，顺辞令"；其二是"阳尊阴卑"说和"三纲五常"的观念，从理论上确立了女性对男性的全面依附关系，导致女性的妆饰迅速转向娇弱与纤柔。这一道一儒的两种倾向，奠定了此后中国封建社会女性的主流妆容审美规范。

之后经历了魏晋隋唐一系列胡汉交融的王朝，尤其是政治、经济、外交上取得了辉煌成就的大唐，时人民族自信心大涨。李唐王朝胡人血统浓郁，礼教观念相对淡漠，对妇女各方面都比较宽松，促成了唐代妆容文化的绚烂与奇诡，妆容一度出现过浓妆艳抹的高潮。

但宋以后，宋明理学（新儒学）在社会思想领域逐渐占据一席之地。理学家提出的"存天理，去人欲"这一观点，原本是提倡用普遍的道德法则"天理"，来克服那些违背道德原则、过分追求利欲的"人欲"。北宋理学家程颐的"饿死事小，失节事大"原本也是告诉人们人生中有比生命、生存更为宝贵的价值，那就是道德理想。但在实际发展的过程中，由于人们对理学，尤其是对"失节事大"的狭隘和偏执理解，女性被迫戴上了沉重的道德枷锁。当时的人将象征君子气节的"节"狭隘地解读为女子的贞节，提出了针对妇女的极为严酷的贞节观。这就使得"男女有别"不仅体现在精神层面，也体现在现实的身体层面，对妇女肉身的约束逐渐强化。这主要表现在三个方面：一是妆容由唐代的浓艳招摇走向文静素朴，二是缠足开始流行，三是汉族女性开始穿耳。于是，中国女子妆容迅速回归轻描淡写的素妆，在彩妆上比之两汉之素朴有过之而无不及，朴素的妆容风格一直延续到满汉交融的清朝，再未发生过太大的改变。

在妆容变化的同时，护肤美容由于始终与中医发展紧密联系，属于自然科学的范畴，反而呈现出一种日益先进的态势，在清朝达到了一个高峰。

早在 2004 年，我就出版过一本介绍中国妆容发型历史的书《中国历代妆饰》，在书写那本书的过程中，我不仅遭遇对大量妆型记载只知其名不知其形的痛苦，面对不少古代妆品的记载也是一头雾水，那时妆品对于我来说只是一个个透着脂粉香气的抽象名词。后来在十几年持续不断的研究和考察过程当中，我不仅搜集到越来越多的古代妆容、妆具历史图片，而且在古方妆品的复原上也取得了突破性的进展，和学生王一帆一起复原出了 32 种古方妆品，几乎囊括了中国古代所有的彩妆门类。古方妆品研究的突破，令我萌生了复原古代妆容的想法，毕竟做出了东西，总想看看实际应用的效果。当然，古方妆品毕竟有局限性，妆面效果远不如现代妆品，因此，本书中的复原妆容使用的材料还是以现代妆品为主。

在本书中，我们主要做了以下四个方面的工作：

首先是对妆容史料的梳理和文化阐释。这本书在前期研究的基础上增加了很多朝代的妆容分期研究，如：汉代将西汉和东汉的造型特征分期介绍；唐和五代则划分得更加细致，划分为初唐、盛唐、中唐和晚唐五代四个时期；将宋代划分为南宋和北宋分期介绍；清代妆容则划分为满汉两个部分。每一章节再结合相应的文化背景阐释，试图将中国的妆容发展历史脉络和内在逻辑梳理顺畅。

其次是根据文字记载，配以与之相对应的历史人物妆容造像和出土妆具的图片，以史证史，以图片注解文献，从而形成这本书的图片主干。但就像上文说的，图像无声，文字无像，这就要求在训诂的基础上结合生活实践，将理性思考与感性经验相结合来进行推敲，从而寻找出最符合文本含义的图像，将之编辑得合情又合理。

再次是妆容复原。我们的原则是，如果能找到与文字记载基本吻合的古代人物造像，那就毫无疑问选择古代造像，以史证史。但是，毕竟还有很多妆容仅见于典籍文字记载，而并无实际可对应的历史人物造像留存，例如啼妆、佛妆、时世妆等，那么我们就要尽力将之复原出来，这正是我们最花心力的部分。妆容的复原创作必然包含主观创造成分，这需要造型师不仅有很好的造型技术功底，而且还要对传统审美和相关文献有深入的理解，并将文化理解与技术手段相结合，再选择与不同时代审美气质相吻合的模特，对古代妆型进行合理的当代诠释。

最后是复原妆品的展示。目前，国内对于古代妆品的工艺研究，大多还只局限于理论层面，真正做实体复原的团队十分少，也少有经验可参考。古方妆品的制法在保有自身妆品制作工艺外，还涉及中医制药法，如"酒水浸炼蒸煮提浓法""闷罐地藏法""古法蒸馏法"等；后期又融合制香工艺中的"冷凝香"技术；到了宋代，随着制墨技术的发展，在"画眉集香圆"等人造眉黛中又融进制墨技术，最终发展出一套完整的、富有民族特色的妆品工艺。我们的团队经过数年的研究，基本已经掌握了古方妆品的这些主要的工艺技术。但和很多古代技艺一样，妆品的制作工艺也在家族之中教授、传承，家族为了保证自己的配方不被外人复制，在记载的过程中，会刻意隐去几种关键配料，由此造成的记载模糊，是古代妆品复原最大的难点，这需要一步步地研究和试验。妆品介绍不是这本书的重点，所展示的只是我们的部分复原成果，但妆容和妆品密不可分，我们希望这本书不仅是一本妆容图谱，也是普及中国古方妆品知识的一个窗口。

本书由我和陈诗宇合著。第三章唐代部分、第四章宋代部分和第五章明代部分由陈诗宇主笔，我增补了相应章节的开篇综述及古方妆品部分，并校订了晚唐部分观点。特此说明。

李芽

目录

序   i

前言   v

第一章

滥觞

史前至商：文身与绘身   002

古人为何绘身、文身？   002

文面的传承与演化   008

周：南北各异   012

中原：素妆风行   012

南楚：渲杂丹黄   017

周代女子的化妆术与化妆品   024

秦：彩妆之始   028

秦始皇：中国彩妆的推动者   028

象征地位的发式   033

《齐民要术》记载的古代妆粉制作方法   037

第二章

成形

汉：审美成形   040

西汉：由简约素朴走向大气磅礴   040

东汉：庄重与纤柔之美并存   052

魏晋南北朝：美而自在   062

文献层面的彩妆高峰时代   064

佛教东传带来的异域审美   078

北魏《齐民要术》：最早介绍古方妆品配方的典籍   082

《天工开物》记载的"胡粉"制作方法   085

《齐民要术》记载的"紫粉"制作方法   085

第三章　　　　　初唐：从简约保守转向华丽绽放　　　090

鼎盛　　　从简约的旧朝遗韵开始　　　090

步入开放的高宗朝　　　096

武周：盛妆华丽绽放　　　100

盛唐：贵妃的红妆时代　　　108

开元初：新君即位后的简朴收敛　　　110

初入两京：精致"开元样"形成　　　112

入宫册妃：步入浓烈的红妆时代　　　115

中唐：时世险妆束　　　130

怪异时世妆层出不穷　　　130

广插钗梳之风的盛行　　　139

晚唐、五代：西州狂花与素雅汉妆的两极分化　　　144

满面花子贴纵横与洗尽铅华归本真　　　146

云髻蓬松承繁饰与花钗成排绕髻插　　　151

第四章　　　　　宋：回归素朴　　　160

转型　　　北宋：淡雅的妆面与精致的头面　　　163

南宋：素雅白妆与泪妆　　　176

辽、元：少数民族风情　　　186

面涂金黄的契丹贵妇　　　189

一字平眉的元代蒙古皇后　　　190

珠光宝气与简单发型　　　192

《事林广记》记载的"画眉集香圆"制作方法　　　203

《事林广记》记载的"玉女桃花粉"制作方法　　　203

第五章   **明：端庄典雅**   206

融合

端庄的命妇装扮   207

华丽的侍女装扮   217

牌坊要大，金莲要小   223

清：满汉交融   228

由素颜走向西化的清宫装扮   230

脚重于头的汉妆女子   245

妆品发展   252

嗜妆极则慈禧太后   255

《外台秘要》记载的"崔氏造燕脂法"   261

《老佛爷用药底簿》记载的"加味香肥皂"制作方法   261

附录   中国古代妆容研究的三种路径   262

后记   269

第一章

滥觞

史前至商：文身与绘身

周：南北各异

秦：彩妆之始

史前至商：文身与绘身

　　化妆，从狭义上来讲，是指用脂泽粉黛等化妆品修饰容颜，以满足人们对容貌美的诉求，也就是人们常说的涂脂抹粉、描眉画眼。从广义上来讲，凡是对人体肉身的修饰都属于化妆，既包括凿齿、缠足、文身、穿耳等对皮肤及肢体再造的小手术，也包括易容、图腾模仿、戏曲脸谱等带有特定目的性的化妆。

　　关于妆容，盘庚迁殷以前可信的史料不足，但到商代，甲骨文中已有"妆"字，左边是一张竖起来的"床"之象形，右边则是"女"的象形，意思是女人起床后便要梳妆。可见，商人已有梳妆习俗，而这里的妆多半是狭义的特指，并且主要是女性所为。不过，甲骨文毕竟晦涩难懂，从文物遗存上看，绘身、文身、穿耳、凿齿这些妆饰习俗是明确可考的，而涂脂抹粉、描眉画眼等化妆手段则要到周代才有明确的记载。

古人为何绘身、文身？

　　绘身（包括绘面），是用矿物、植物或其他颜料，在人体上绘制各种有规律的图案，表达人类特殊而复杂的精神世界，这在原始社会的陶器上已有所体现。文身是由绘身发展演化而来的。由于绘身的图案无法

○
"妆"的甲骨文
▷
以人面鱼纹盆为灵感创作的绘面形象。模特：顾叔怡；
化妆造型：王一心

长期保留，挥汗、日晒、雨淋甚至休息时的摩擦，都会使绘身的颜色减退、模糊或消失。经过长期的生活实践，也许是在偶然的劳动或打斗中损伤了身体，绘身的颜料与血色素发生了化学作用，伤口愈合后留下了刺纹的效果，人类因此掌握了文身的方法。

文身，又名镂身、扎青、镂臂、雕青等；文面，又名绣面、凿面、黥面、黵面、刻颡、雕题、刺面等。两者都是用刀、针等锐利铁器，在人体的不同部位刻划，然后涂上颜色（多为黑色），使之长期保存。

有关文身的文字记载最早可追溯至夏朝。《汉书·地理志》中关于"粤（越）地"的记载里有："其君禹后，帝少康之庶子云，封于会稽，文身断发，以避蛟龙之害。"《三国志·乌丸鲜卑东夷传》也记载了倭人的文身习俗："男子无大小皆黥面文身……夏后少康之子，封于会稽，断发文身，以避蛟龙之害，今倭人好沉没捕鱼蛤，亦文身以厌大鱼水禽，后稍以为饰。诸国文身各异，或左或右，或大或小，尊卑有差。"可以看出，最早在夏代便已有文身与文面之俗了，但多见于东南沿海地区，主要是东夷到百越这一广阔地域，且文身多与断发并行。

文身的习俗一直延续到周朝。《史记·吴太伯世家》里有一个故事，周太王欲立小儿子季历以及孙子昌为继承人，他另外两个儿子太伯、仲雍二人"乃奔荆蛮，文身断发，示不可用，以避季历"。这段文字虽讲的是商周之际同族内部的王位继承问题，但由此我们可以知道，在周初，长江下游的太湖流域以及宁绍平原一带的所谓"荆蛮"仍然保存着文身的习俗，而在中原开化地区，这种习俗已基本消失了。这里的"荆蛮"之地，实际上指的是吴越一带。《战国策·赵策二》就提到"被发文身，错臂左衽，瓯越之民也；黑齿雕题，鳀冠秫缝，大吴之国也；礼、服不同，其便一也"。西周之后，楚国渐渐强大，势力不断向南扩张，

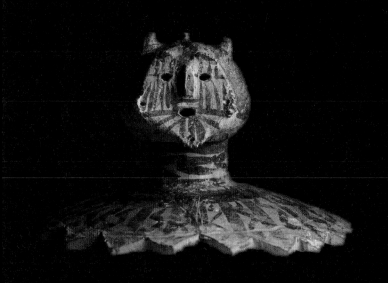

1 2

1—2　新石器时代马家窑文化（约公元前 3300 年—公元
前 2100 年）人头形器口彩陶瓶，其中人物有绘面。瑞典
东亚博物馆藏

1 2
3

1　新石器时代仰韶文化（约公元前 5000 年—公元前 3000 年）人面鱼纹彩陶盆。中国国家博物馆藏

2　出土于湖南省安化县的商代晚期虎食人卣，其中人物有断发文身形象（吕章申 . 海外藏中国古代文物精粹：日本泉屋博古馆卷 [M]. 合肥：安徽美术出版社，2016.）

3　出土于河南省安阳市殷墟妇好墓的商代晚期跽坐玉人，身上有文身痕迹（杨伯达 . 中国玉器全集 [M]. 石家庄：河北美术出版社，2005.）

华夏族蓄发冠笄的礼俗亦随之向南发展，"断发文身"之风盛行区域迅速缩小。春秋时期，奉行周礼的华夏族文化进一步向东发展，东夷族接受华夏族的周礼文化，遗弃"断发文身"之俗，也改行蓄发冠笄的礼仪。到了战国时期，只有南方的百越民族还保留着这一习俗。不少商周出土文物上都有文身、文面的人物形象，可作为这种妆容习俗存在的视觉依据。

对于古人为何文身，学术界最流行的一个观点是"保护说"，即文过龙蛇纹样的身体可以向鱼龙示以同类或同代身份，求得谅解与宽恕，"以像龙子者，将避水神也"（汉刘向《说苑》）。此外还有"图腾说"，学者们认为，越人在身体上黥龙或蛇等花纹，反映了他们的图腾崇拜；闽越人为"蛇种"，蛇是他们心目中的保护神；哀牢夷为"龙种"，"种人皆刻画其身，象龙文"（清王先谦《后汉书集解》）。文身可让他们从鱼龙图腾中吸取力量，鼓起克服困难、取得胜利的信心和勇气。还有"尊荣说"，《淮南子·泰族训》说越人文身，"被创流血，至难也，然越为之，以求荣也"。再有"成人说"，即把文身、文面当作一种成人仪式，以能忍受文身所带来的痛楚为成人的标志，同时以此取悦异性。新中国成立前，苗族男子中还保留着黥面以取悦女性的风俗。苗语称成年男子为"budnios"，即画花脸的雄性；英俊的小伙子，苗语叫作"vntnios"，即好花脸，现在仍流行于苗乡的男子"打花脸"婚嫁仪式，可能就是文面习俗的变异*。这种习俗在傣族也存在，男子文了身，姑娘见了便认为是英雄，也就更容易得到女性的爱。当然，也有一种学说为"妆饰说"，即以文身、文面为美。

* ［唐］张鷟、韩愈、韦绚.朝野佥载·昌黎杂说·刘宾客嘉话录［M］.北京：中华书局，1985

文面的传承与演化

在中国，最完整地保留文面习俗的是海南黎族和云南独龙族的女性。两地在古时都属于百越地区。

宋人周去非在《岭外代答》中记载："海南黎女，以绣面为饰。"黎女之所以文面，一般有三种说法：一是防止被掳掠，周去非说"盖黎女多美，昔尝为外人所窃；黎女有节者，涅面以砺俗，至今慕而效之"；二是表示对爱情的忠贞不贰，"凡黎女将欲字人，各谅己妍媸而择配，心各悦服，男始为女文面……其花样皆男家所与，使之不得再嫁"（清梁绍壬《两般秋雨盦随笔》）；三是为了美丽，正所谓"五指山中女及笋，百花绣面胜胭脂"。

黎女的文身图案大多由点和线组成，相对简洁，画于脸部两颊的双线点纹、几何线纹、泉源纹等，为"福魂"图案；画于上唇的纹，为"吉利"图案；画于下唇的纹，为"多福"图案……用文身这种艺术形式，一代又一代黎女把人生的期望和理想彰显于皮肤之上。

独龙族的女性文面图式以蝴蝶纹为主，相比于海南黎女更显复杂与烦琐。《新唐书·南蛮下》中记载的"在云南徼外千五百里。有文面濮"便特指独龙女的文面传统。独龙族的少女十二三岁初长成时，便用竹签刺脸，锅灰敷面，颜料渗入皮下，靛青色似蝴蝶般的图案便永留脸上。随着进入现代文明，1967年该习俗被废除，目前能见到的文面女中，最大的超过一百岁，最小的也有五十八岁。当地民间对文面有两种解释：文面是独龙族抵制异族土司强掠妇女为奴的一种消极反抗手段；出于对蝴蝶的崇拜，为了美而文面。独龙文面女脸上的花纹几乎都是变形的蝴蝶纹，蝴蝶这种美丽的生物承载着独龙族对美的想象。而且独龙人认为

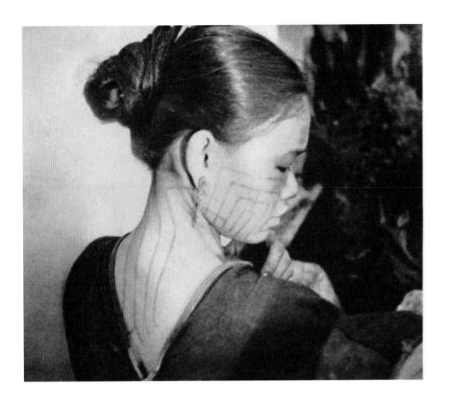

1

  2

1　黎族文面女子。美国人类学家莱奥纳多·克拉克 1938
年摄于海南
2　《古今图书集成》中的苗族黥纹

山西省临汾市洪洞县明应王殿元代壁画上，绘有画脸谱的戏曲演员（潘耀昌.中国美术名作鉴赏辞典[M].杭州：浙江文艺出版社,1999.）

人的亡魂最终将变成各色的"巴奎依"——一种大而好看的蝴蝶，只有文面，死后才能与自己的灵魂相认。这大概是关于文面来由的最美丽的传说了。

在祭祀与尔后发展起来的戏曲表演艺术中，中国古老的绘身与文身艺术演化为符号化与审美化并存的脸谱艺术。祭祀时，人们通过在脸上点染色彩或戴上面具，脱壳进入另一种身份，从而与神灵对话。而在起源于远古祭祀的戏曲中，化妆同样具有脱壳的意味，也可以称之为角色转换，这可以说是化妆的另一个非常重要的功能。

戏曲化妆在唐代便已出现。唐代最古老的戏剧《钵头》中主角的脸上就涂有色彩，"戏者披发，素衣，面作啼，盖遭丧之状也"。唐代孟郊的《弦歌行》中有"驱傩击鼓吹长笛，瘦鬼染面惟齿白"。这里的"面作啼""染面"都是通过绘面来装扮角色的手段。

山西省临汾市洪洞县明应王殿元代壁画是我国现存的早期戏曲人物画像之一，从壁画中戏曲演员的脸上，便可窥见中国早期戏曲化妆的样态。

周：南北各异

周代的妆容发展，可说开辟了中国化妆史的崭新纪元。从某种意义上来说，中国化妆史从这一时期才正式开始。

周代的文学、哲学和史学都异常发达，因此可供参考的文献资料极为丰富，为妆容研究提供了许多宝贵的资料。这一时期的眉妆、唇妆、面妆以及一系列的妆品，诸如妆粉、面脂、唇脂、香泽、眉黛等，都可以在文献中找到明确的记载。在考古方面，虽然出土了一些彩绘俑和帛画，但能够考察到的图像资料仍然有限。因此，对周代妆容的研究，更多的是依据文献解读。

中原：素妆风行

中国地大物博，文化很难一言以概之。以地理区域为界，我们可以把周代女性分为北方的中原女性和南方的楚地女性。中国最早的诗歌总集《诗经》中所描述的女性主要是生活在黄河流域的中原女性。

战国梳妆用饕餮纹铜镜，边长 14.7 厘米，重 0.502 千克。
摄影：深井纯（吕章申 . 海外藏中国古代文物精粹：日本泉屋博古馆卷 [M]. 合肥：安徽美术出版社，2016.）

周人尚礼、尚文，人们把女性的内在美，即才能、智慧、精神以及符合社会礼仪及道德规范的修养和美德，称为"德"；把女性的外在美，即形体美、容貌美称为"色"。以孔、孟为代表的儒家，虽然强调德与色的统一，但当德色冲突时，则强调重德轻色，提倡"以礼制欲"。《诗经》廾篇《关雎》有"窈窕淑女，君子好逑"，汉语词汇典籍《方言》认为"美状为窈，美心为窕"，《诗经》注本《毛传》亦将"淑"释为"善"，认为善良即淑。可见，《诗经》体现的女性审美注重内外兼修，而且，只有在具备内在美的前提下，外在美才是值得欣赏和赞美的。

那么，《诗经》中推崇的女性外在美是什么样的呢？基本是健康自然、清新素朴、不着雕饰。这也和当时的社会发展阶段及哲学思潮有关。以老庄为代表的道家提倡以自然无为为本，"法天贵真"，推崇天然美，赞赏"大巧若拙""大朴不雕"，以个体人格和生命的自由为最高的美，提倡在形体上保持天然，反对雕饰。法家也不注重修饰，他们从功利角度出发，认为过分修饰反而达不到目的。

《诗经》中描写美人的典范篇章是《卫风·硕人》，这是一首赞美卫庄公夫人庄姜的诗："硕人其颀，衣锦褧衣……手如柔荑，肤如凝脂，颈如蝤蛴，齿如瓠犀，螓首蛾眉。巧笑倩兮，美目盼兮！""手如柔荑"是形容手指柔软而纤细；"凝脂"指的是遇寒而凝为白色的动物油脂，"蝤蛴"指的是长于木中、通体白而长的天牛幼虫，此二者都是在吟咏庄姜白皙而有弹性的皮肤；"齿如瓠犀"是形容庄姜的牙齿如瓜中之子般洁白而整齐；"螓首蛾眉"是形容庄姜额头宽广，双眉弯曲纤长；"巧笑倩兮，美目盼兮"则指的是庄姜的妩媚之态，脸上笑意盈盈，双目顾盼流离。全文讴歌的是庄姜"清水出芙蓉，天然去雕饰"般的自然天成之美，并没有涉及任何化妆修饰的内容。

《陈风·月出》描写的女性和庄姜又有所不同，全诗甚至没有关注任何容貌的细节："月出皎兮，佼人僚兮，舒窈纠兮，劳心悄兮！月出皓兮，佼人㑵兮，舒忧受兮，劳心慅兮！月出照兮，佼人燎兮，舒夭绍兮，劳心惨兮！"全文塑造的是一个体态轻盈、神态雅静的女性形象，关注的是美人的仪态与神情，无一字提及化妆修饰。

另外如《周南·桃夭》里提到的"桃之夭夭，灼灼其华"，也并不关注具体容貌，而是歌咏待嫁的姑娘如艳丽的桃花一般，青春逼人，充满生机。

可以说，《诗经》中所歌咏的中原女性，情态重于容貌，风神重于妆容，基本是素脸朝天，追求清新自然的天趣之美。

在发型上，《诗经》中的女子追求头发浓密乌黑，或直或卷。在先民的意识中，"身体发肤，受之父母，不敢毁伤"，他们对头发的关爱程度等同于肌肤。《鄘风·君子偕老》说宣姜"鬒发如云，不屑髢也"，"鬒"即黑发，"髢"就是编结头发做成的假髻，宣姜的头发又黑又多，她不屑于用假发来衬托。但如果发质不好，饰以假髻会有很好的美发效果，如《召南·采蘩》中那位参加祭祀的姑娘便用了假髻，使得头发看上去高耸蓬松，有"僮僮""祁祁"之美状。

《小雅·都人士》中也反复提到女子头发："彼君子女，绸直如发……彼君子女，卷发如虿……匪伊卷之，发则有旟。""绸直如发"指的是头发稠密而笔直，"卷发如虿"则指的是头发卷曲像蝎子尾巴上翘的样子。可见，先秦时期，卷发在技术上已经可行，这在很多人物形象上也有所展现。

在身材上，此时的中原地区更追求高大修长。所谓"硕人其颀"，"硕"即大，"颀"即长，也就是说庄姜不仅是一个天然"氧气美女"，

▷

先秦素妆复原。模特：张常宁；化妆造型：吴娴、张晓妍；摄影：文华（泰岩摄影）

1 2
3
4

1　春秋时期黄夫人孟姬发型复原图，为偏左高髻发型。黄
夫人孟姬墓主是约 40 岁的女性，头发保存完好，梳偏
左高髻，发髻上插着两个木笄，其中一个木笄有玉堵（欧
潭生. 春秋早期黄君孟夫妇墓发掘报告[J].考古,1984(4).）

2　玉人兽复合佩，上部为卷发女子形象，初步认定为新
石器时代的石家河文化玉器。故宫博物院藏（故宫博物
院 . 故宫玉器图典 [M]. 北京：故宫出版社 ,2013.）

3—4　出土于山东省淄博市赵家徐姚村战国墓的彩绘舞
蹈俑群，人物皆头梳高髻，身穿拖摆裙袍，舞姿翩翩（中
国陵墓雕塑全集编辑委员会 . 中国陵墓雕塑全集 1　史前
至秦代 [M]. 西安：陕西人民美术出版社 ,2011.）

而且身形高大。这样的美人我们还可以在其他风诗和雅诗中见到，如"彼其之子，硕大无朋……彼其之子，硕大且笃"（《唐风·椒聊》）、"有美一人，硕大且卷……有美一人，硕大且俨"（《陈风·泽陂》）、"辰彼硕女，令德来教"（《小雅·车辖》）。

"大"是商周时期非常突出的审美意识和审美追求，王先谦《诗三家义集疏》提到，"古人硕、美二字为赞美男女之统词，故男亦称美，女亦称硕"。"美"字很关键的一个组成部分就是"大"，高大健硕是人类对人体美的最早认识，寓意着健康、力量和旺盛的生命力。可以说在当时，"硕人"就是"美人"的代称。

同时，高大健硕有利于繁衍生息，这一审美标准带有明显的实用性和功利性，是依据先秦时期生产和生育的实际需要而产生的时代审美。而对"大"的喜好，也无疑会为我们体会那个时代的妆容审美带来一些启示。

南楚：渲杂丹黄

先秦时期的楚国主要位于长江流域以南。钱钟书先生在《管锥编》中曾经这样描述："和中原女子'淡如水墨白染'不同，大凡楚国漂亮的女子，无不如'画像之渲杂丹黄'。"钱先生可谓一语中的，和《诗经》中女性"以德为美，素妆风行"的审美趣味不同，楚人对女性的审美更追求"错彩镂金，浓妆艳抹"。

《诗经》中所描绘的女子大多是为人女、为人妻、为人母的良家妇女，而战国末期的《楚辞》则以浪漫主义的手法反映了另一类女性之美，即女神、女巫、歌妓、舞女等神化的女性或优伶。她们带有虚幻的神秘色彩，脱离了生产劳动，也没有繁育后代的现实需求，所以《楚辞》中的女性，在外貌形体上，与《诗经》所追求的"硕大"截然不同，多趋向娇小、柔美而纤弱。《山鬼》写山鬼的美"既含睇兮又宜笑，子慕予兮善窈窕"，再现了山鬼眉目传情、身材袅娜的形象。《大招》用"丰肉微骨，体便娟只""小腰秀颈，若鲜卑只"形容美女，写的是女子骨骼娟秀、颈项秀长、腰肢纤细得恍若皮带紧束的体态，和楚墓帛画中的女子身形如出一辙，也正应了"楚（灵）王好细腰，宫中多饿死"的历史典故。

在服饰上，《楚辞》中的巫女、神女表现出强烈的神性特点，往往衣着色彩鲜艳，佩戴各种香草，以凸显她们极具奇幻色彩的美。"被薜荔兮带女罗""被石兰兮带杜衡"的山鬼、"荷衣兮蕙带，儵而来兮忽而逝"的少司命等，皆为浓墨重彩的"香草美人"形象，格外华美动人。

楚地女子之所以表现出如此有别于北方的华美，和当地巫风炽盛有直接的关系。楚人"信鬼好祠，巫风甚盛"，为史家公认。早期的崇拜活动中，仪式是根本，祭拜场所常须装饰得色彩斑斓、金碧辉煌，用以表示隆重吉祥。受此影响，楚人在艺术、美学的建构中同样追求雕饰及艳丽的美感。此外，楚地的巫风中有强烈的女性崇拜意识，楚地地处南

明末清初萧云从版画《山鬼》(沙鸥 . 萧云从版画研究 [M].
合肥：黄山书社 ,2018.)

○
出土于湖南省长沙市陈家大山楚墓的战国帛画《人物龙凤
帛画》中的细腰贵族女子。湖南省博物馆藏

楚女"青色直眉，美目婳只"妆容复原。模特：何林凌；
化妆造型：吴娴、张晓妍，摄影：文华（泰岩摄影）

国，学术思想尚阴柔，滋于此地的春秋时期的《老子》即主张柔弱胜刚强，以水为万性之母。因此，楚地多崇女神，将女神作为专祀的神灵。《楚辞》中的"二招"便用了大量的篇幅写招亡魂，为招流浪的亡魂回归，巫觋定要准备最具吸引力的东西，美艳的女子便是诱饵之一。"二招"中写以美色招魂的部分，对女子的唇色、眉色、眉形、面妆、涂发的香膏、发型、体形、眼神，甚至一些奇妆异饰都做了生动的描绘，是《楚辞》中描写女性妆容、情态最具体的篇章：

> 盛鬋不同制，实满宫些。容态好比，顺弥代些。弱颜固植，謇其有意些。姱容修态，絙洞房些。蛾眉曼睩，目腾光些。靡颜腻理，遗视矊些。……美人既醉，朱颜酡些。娭光眇视，目曾波些。……长发曼鬋，艳陆离些。（《招魂》）
>
> 朱唇皓齿，嫭以姱只。……嫣目宜笑，娥眉曼只。容则秀雅，稚朱颜只。……姱修滂浩，丽以佳只。曾颊倚耳，曲眉规只。……粉白黛黑，施芳泽只。……青色直眉，美目媔只。靥辅奇牙，宜笑嗎只。丰肉微骨，体便娟只。（《大招》）

再结合考古发现，可以看出，楚人在日常生活中非常注重梳妆打扮。以长沙楚墓为例，出土妆奁（即化妆箱）的墓葬就达三十多座，且不论男女，奁内一般都有一整套梳妆用具，如铜镜、木梳、木篦、假发等。因为楚人注重梳妆，所以梳篦特别常见，经常一墓同出数件。根据《礼记》记载，木梳用于梳理湿发，角梳用于梳理干发，篦子用于篦除发垢，而假发则有"副、编、次"等各种形制。《招魂》中的"盛鬋不同制""长发曼鬋"，指的便是女子长发连绵并且鬓发各不相同。

出土于湖北省襄阳市九连墩一号墓的战国中晚期便携
式漆木梳妆盒，通长 35 厘米、宽 11.2 厘米、厚 4 厘
米。盒子由两块木板雕凿铰结而成，器表一面以篾青、
篾黄镶嵌，器内相应部位挖孔以置放铜镜、木梳、刮
刀、脂盒，中下部上下各装一可伸缩的支撑，以便使
用时承托铜镜（湖北省博物馆 . 九连墩　长江中游的楚
国贵族大墓 [M]. 北京：文物出版社，2007.）

出土于湖北省襄阳市九连墩二号墓的骨梳，通长 6.4 厘
米、宽 6.2 厘米、厚 1.2 厘米（湖北省博物馆 . 九连
墩　长江中游的楚国贵族大墓 [M]. 北京：文物出版社，
2007.）

周代女子的化妆术与化妆品

我们以楚女妆容为基础，看一看周代女子的化妆术与化妆品。

先看眉妆。《楚辞·招魂》里写到宫女"蛾眉曼睩"，《列子·周穆公》提到"施芳泽，正蛾眉"，《楚辞·大招》里有"娥眉曼只"，《离骚》中屈原自称"众女嫉余之蛾眉兮"，《诗经》中则有"螓首蛾眉"。由此可见，"蛾眉"是当时非常流行的眉妆。之所以叫蛾眉，是因其形似蚕蛾刚出茧时之眉角，弯曲且有眉毛的质感。真是佩服古人观察生活的能力。蛾眉是用黛勾勒而出，故又有《大招》中的"黛黑"之说。除了"蛾眉"外，楚女俗尚的眉妆还有《大招》中提到的"青色直眉"，即比较平直的一种眉形。青色可以用青黛描成，是一种黑中发绿的眉色，用石黛描画则呈灰黑色。在楚墓出土的彩绘木俑可见这两种眉形。

在面妆方面，则以"粉白"为美。《战国策·楚策三》中，张仪谓楚王曰："彼郑、周之女，粉白黛黑，立于衢间，非知而见之者，以为神。"《韩非子·显学》"故善毛嫱、西施之美，无益吾面；用脂泽粉黛，则倍其初"；《大招》"粉白黛黑，施芳泽只"。这里的"粉白黛黑"就是指用白粉敷面，用青黛画眉。在长沙楚墓出土的漆奁中便装有白粉和铅粉[*]。中国最早的妆粉是纯天然的米粉。许慎《说文解字》："粉，傅（敷）面者也，从米分声。"说得很明白，妆面的粉是用米做的，是一种纯天然的妆品。其配方在北魏贾思勰的《齐民要术》卷五中有详细的记载（见本书第37页）。

除了敷粉，楚女还用胭脂染唇和面颊，即"施朱"。《大招》中有"稚朱颜只""朱唇皓齿"的描述，《招魂》中有"美人既醉，朱颜酡些"的吟咏，但这里的"朱颜"究竟是指美丽的容颜，还是指施朱的容颜，

湖南省博物馆等·长沙楚墓（上）[M].
北京：文物出版社，2000.

出土于河南省信阳市长台关楚墓的漆绘木俑，眉形为蛾眉
（中国陵墓雕塑全集编辑委员会.中国陵墓雕塑全集1史前
至秦代 [M]. 西安：陕西人民美术出版社 ,2011.）

却并不明朗。战国时期的宋玉在《登徒子好色赋》中称他邻居东家那位小姐"着粉则太白,施朱则太赤",明确指出了施朱这一习俗的存在。中国早期的红色染料大多取自矿物,如赤铁矿、朱砂等。湖北九连墩楚墓出土的木俑双唇鲜红,在地里埋藏千余年依然颜色鲜艳,这只有矿物染料才能做到。矿物染料色彩稳定,不易氧化,但是有一定毒性,长期使用对皮肤会有伤害。故此,人们会使用植物染料制作妆品后,便慢慢减少使用矿物染料妆品了。

除了白粉、朱砂、眉黛之外,周代的化妆品还有脂与泽。"脂"是我国古代文献中最早出现的与化妆有关的术语,《诗经》有"肤如凝脂",《礼记·内则》中有"脂膏以膏之",孔颖达注:"凝者为脂,释者为膏。""脂膏"就是从动物体内或油料植物种子内提炼出的油质,固态为"脂",液态为"膏"。脂有唇脂和面脂之分。用以涂面的为面脂,主要为防寒润面而用,如今日的润肤霜之类。用来涂唇的称为唇脂,类似今天的润唇膏。后来脂常常与"粉"字一起使用,渐渐形成了一个固定词组"脂粉"。那么"泽"指的是什么呢?《大招》中的"粉白黛黑,施芳泽只",王逸注曰:"傅(敷)着脂粉,面白如玉,黛画眉鬓,黑而光净,又施芳泽,其芳香郁渥也。"王夫之《楚辞通释》曰:"芳泽,香膏,以涂发。"由此可知,"泽"指的是一种润发的香膏,即如今的头油之类。

除去我们今日较熟悉的眉妆、脂粉、香泽以外,"二招"还屡屡描述一些猎奇求异的面妆,如"靥辅奇(畸)牙,宜笑嫣只"为"拔牙"之俗(仡佬族、高山族等);"曾(层)颊奇(剞)耳",即传为文面(独龙族、黎族等)、穿耳(黎族等)之风。拔牙、文面及穿耳皆属于西南地区的濮人风尚*。楚人对这些带有原始野性美的奇妆异饰不仅不感到惊怖,反而非常欣赏。《九章·思美人》中就有这样的诗句:"吾且僵徊

* 先秦时濮人指居住于楚国西南部,即今云南、贵州、四川至江汉流域以西一带的少数民族。《史记·楚世家》说:"〔楚武王〕于是始开濮地面有之……建宁郡南有濮夷、濮夷无君长总统,各以邑落自聚,故称百濮也。"

战国彩绘木俑，此俑为民间征集，从造型看与湖南长沙仰天湖的战国彩绘女俑极相似，眉形平直纤长。上海博物馆藏（中国陵墓雕塑全集编辑委员会．中国陵墓雕塑全集1　史前至秦代[M]．西安：陕西人民美术出版社，2011）

以娱忧兮，观南人之变态。"所谓"变态"，指的是以上南方原住民族的奇异妆容。

　　先秦的北方文化重质实、重理性，而南楚文化则带有浓重的感性特质，是一种带有浓郁原欲色彩、类似于酒神型的文化。因此，渲杂丹黄的南楚女性追求的是具有强烈感官刺激的瑰丽、浓艳、娇小之美，与素妆风行的北方质朴高大的中原女性形成了强烈的风格对比。

秦：彩妆之始

　　秦代是中国历史上第一个大一统王朝，秦始皇凭借"六王毕，四海一"（杜牧《阿房宫赋》）的宏大气势，推行"书同文，车同轨"（《礼记·中庸》）、"兼收六国车旗服御"（宋濂《元史》）等积极措施，建立起包括衣冠服制在内的一系列统一的制度。但秦朝历二世而亡，统治时间极短，前后只有15年，现有文物中可确认为秦代的十分有限，最为人知的秦始皇陵兵马俑坑中无一女俑。所以，关于秦代女子的妆容，只能从零星的文字记载中略窥一二。

秦始皇：中国彩妆的推动者

　　秦朝关于妆容的记载多与秦始皇有关。秦始皇一生文治武功，"并兼天下，极情纵欲"（班固《秦纪论》），精力极其旺盛。他后宫佳丽无数，子女不下二十人。《史记·秦始皇本纪》记载，嬴政每灭一国，就将这国宫殿用图纸画下来，在咸阳模仿着建造一座，并把从这国掳来的美女安置其中。因此，其后宫嫔妃为来自各个诸侯国的美女，审美与风俗也自是各有千秋。

　　前文有述，在周代人们就用脂、泽、粉、黛来化妆了，然而，宋人

▷
"红妆翠眉"妆容复原。模特：杨述敏；化妆造型：裴悦佳；摄影：华徐永

高承在《事物纪原》中却说"秦始皇宫中，悉红妆翠眉，此妆之始也"。这看起来似乎是一个矛盾，但宋人距周的时间比我们要近，作为学者，高承不会没有看过《诗经》和《楚辞》，他这样写自有他的原因。周代黄河流域的女性多为素妆，至于南楚女性，尽管有施朱的记载，但也以"粉白黛黑"为主，受观念的影响和制作工艺的局限，彩妆并不特别盛行。秦始皇宫中的"红妆翠眉"打开了面妆色彩上的桎梏，开启了后世历代色彩丰富、造型各异的彩妆风潮，我想这便是高承的本意。

秦朝实行法家的酷刑峻法，重功利主义与专制主义，人民生活在极其残酷的压迫之下。因此，当时的劳动妇女是无暇顾及化妆的，文献中也少有平民妆容记载。唯有宫中的妃嫔，生活优越，须整日妆扮以侍奉君主，才有化妆的可能。从《事物纪原》中的"秦始皇宫中，悉红妆翠眉"便可大致勾勒出，当时秦代宫妃的妆容是以浓艳为美的。红妆是使用胭脂的效果，早期的胭脂多用朱砂类的矿物质颜料，色彩浓郁但有毒性。翠眉则是一种描成绿色的眉毛，古诗文中常有关于"翠眉"或"绿眉"的吟咏，如唐代万楚《五日观妓》中的"眉黛夺将萱草色，红裙妒杀石榴花"、宋代王采《蝶恋花》中的"爱把绿眉都不展，无言脉脉情何限"等，都直接把眉色指向了翠或绿。

翠眉使用的眉黛主要原料有矿石"石青"和"铜黛"。清代郝懿行《证俗文》"黛"字条载："《西京杂记》卓文君眉色如望远山，其非纯黑。可知后汉明帝宫人，拂青黛蛾眉。青黛者，似空青而色深，石属也（如石青之类）。"这里提到了"石青"。颜师古《隋遗录》载："螺子黛出波斯国，每颗直十金。后征赋不足，杂以铜黛给之。"又提到了"铜黛"。

石青为一种蓝铜矿，古人根据石青具体形态的差异，又分别冠之以

曾青、空青、白青、金青等不同名称。其中"空青"色相偏绿，《证俗文》中的"似空青而色深"应是指一种暗绿色。"铜黛"据推考应是"铜青"一类。铜青，又称铜绿，即氯铜矿，在自然界中常与石绿、石青伴生，古人也常把它当成绿色颜料来使用。《本草纲目》记载："生熟铜皆有青，即是铜之精华，大者即空绿，次者空青也，铜青则是铜器上绿色者。"无独有偶，古埃及人画眼线与眉毛的材料主要也是绿、黑两种颜色：绿色的是孔雀石（malachite，即石绿），黑色的是方铅矿（galena）。不论是铜青，还是石青或石绿，都是含铜的矿物质，而且通常共生或伴生，自古便是非常典型的绿色颜料。而且，铜青和铜绿历来均可入药，有祛夙痰、治恶疮、明目等效。

　　将石青粉、石绿粉或铜青粉以牛骨胶液调和，塑形阴干，便可制成黛块（见本书第 264 页）。使用时将黛块在黛砚上磨制成粉，然后加水调和，再用毛笔描画于眉上，便可做出"翠眉"或"绿眉"。甘肃敦煌莫高窟不少唐代彩塑采用了绿眉妆。

　　秦代妆容中还有"花子"。在后唐马缟所著的《中华古今注》中有

这样的记载：“秦始皇好神仙，常令宫人梳仙髻，帖五色花子，画为云凤虎飞升。”秦始皇热衷神仙之术，灭六国后第二年遇到方士徐福，两次派徐福出海寻求"仙药"，因此，其令宫妃打扮成想象中的神仙模样也很自然。这里提到的"五色花子"，是指粘贴或者画在脸上的面花，也称"花钿""额花""眉间俏""面靥"等。贴画花子之俗在先秦时期已有，长沙战国楚墓出土的彩绘女俑的脸上就点有梯形状的三排圆点，在信阳出土的楚墓彩绘木俑的眼皮之上也点有圆点，当是花钿的滥觞。至隋唐五代，花子妆容达到鼎盛，并一直延续至晚清。

花子可以是单色，也可以是多色，上妆手法有染画和粘贴两种。染画法多是用胭脂、黛汁一类现成的彩色颜料直接在面部绘制各种图案。粘贴法，其色彩通常是由材料本身所决定的，例如以彩色光纸、云母片、鱼骨、鱼鳔、丝绸、螺钿、金箔等为原料，制成圆形、三叶形、菱形、桃形、铜钱形、双叉形、梅花形、鸟形、雀羽斑形等诸种形状，色彩斑斓，十分精美。这里的"帖五色花子，画为云凤虎飞升"，应该是用多种色彩描画的云气蒸腾中隐现瑞兽的面花图案。

从某种意义上看，秦始皇可以说是中国古代彩妆最早的推动者。

象征地位的发式

除了彩妆，秦始皇对宫妃的发型服饰也有一套自己的见解。他喜欢宫中的嫔妃穿着华丽，供其赏玩。《中华古今注》载："冠子者，秦始皇之制也。令三妃九嫔，当暑戴芙蓉冠子，以碧罗为之，插五色通草苏朵子，披浅黄蕖罗衫，把云母小扇子，靸蹲凤头履，以侍从。令宫人当暑戴黄罗髻、蝉冠子、五花朵子，披浅黄银泥飞云帔，把五色罗小扇子，靸金泥飞头鞋。"这里的黄罗髻指的是一种假髻，冠子则是一种女用头冠，女冠的样式在唐宋图像中常可见到。另外，秦始皇还"诏后梳凌云髻，三妃梳望仙九鬟髻，九嫔梳参鸾髻"。这些发式的样式虽已不可考，但有一点可以确认的是，在秦代这样一个极端专政的王朝，秦始皇在打扮后妃的时候，也没有忘记区分出严格的等级。在秦代，不论男女，发式都是身份地位的一种标志，这一标志在秦俑中有具体可考的体现。

关于秦代男子的发式，兵马俑为我们提供了异常丰富的形象资料。秦俑坑表现的是一组步、骑、车多兵种配合的庞大军阵。构成军阵的数千武士俑，以其所属兵种和在军队中的地位，发式和头饰各具特点。

步兵俑的发式大致有四种类型：一为圆锥形髻（即脑后和两鬓各梳一条三股或四股小辫，交互盘于脑后，脑后发辫拢于头顶右侧或左侧，绾成圆锥形发髻），多裸露，根部用红色发带束结，带头垂于髻前，也有少数以圆形软帽遮盖；二为扁髻，将所有的头发由前向后梳于脑后，分成六股，编成一板形发辫，上折贴于脑后，中间夹一发卡；三是头戴长冠，发髻位于头顶中部，罩在冠室之内；四为梳扁髻、戴鹖冠，此为将军俑。

骑兵俑的头饰与步兵俑不同，头带赭色圆形介帻，上面采用朱色绘满三点成一组的几何形花纹，后面正中绘一朵较大的白色桃形花饰，两侧垂带，带头结于颏下。

车兵中驾驭战车的御手俑右梳圆锥形髻，外罩白色圆形软帽，帽上还戴有长冠；御手俑左右两旁的甲士俑束发，头戴白色圆帽。

踞坐俑的发式则是在前顶中分，然后沿头之左右两侧往后梳拢，在脑后绾结成圆形发髻，无发带、发卡及任何冠戴。

1　2
3　4
5　6
7　8
9　10

1—2　秦兵马俑步兵俑所梳圆锥形髻

3—4　步兵俑所梳扁髻，这些步兵的身份要高于梳圆锥形髻者

5—6　中下级军吏所戴长冠

7—8　将军俑所戴鹖冠

9—10　跽坐俑所梳圆形发髻

（图1、图3、图7、图9:中国陵墓雕塑全集编辑委员会.中国陵墓雕塑全集1　史前至秦代[M].西安:陕西人民美术出版社,2011.）

（图2、图4、图5、图6、图8、图10：秦始皇兵马俑博物馆等.秦始皇陵兵马俑[M].北京:文物出版社,1999.）

所有兵俑正面均为中分，鬓发被修剪成直角状，给人以庄重、严整的感觉。

秦俑的不同发式和头饰，是和秦代的社会意识及军事制度相关联的。首先，发式和发饰是区分不同兵种和身份、地位的重要标志。在多兵种联合作战的情况下，为便于识别和指挥调动，以显著标志区分不同的兵种是非常必要的，这在古今中外的军事史上屡见不鲜。可以清楚地看出，分属于步、骑、车三大兵种的武士俑，发式和发饰都有明显的不同，这无疑是区别不同兵种的重要标志之一。其次，发式和发饰也是区别从军者地位高低的重要标志。从史书记载的情况来看，秦军的成分比较复杂，存在着高低贵贱的等级关系。秦俑发式和发饰的繁复多样，与秦军内部复杂等级关系是相对应的。秦代及其前后的历史时期普遍尚右卑左，发髻偏左的武士俑身份要低于发髻偏右的武士俑。发髻偏左、偏右的武士俑，都属于史书所载的"发直上"，他们的地位均高于发髻偏后的踞坐俑。《后汉书·舆服志》载："秦雄诸侯，乃加其武将首饰为绛袙，以表贵贱。"据此可知，头部是否加戴饰物也是秦军区别贵贱的重要标志。出土的步兵俑多数头部不加饰物，发髻裸露，地位最为低下。头戴软帽的士卒，地位当高于裸髻者。少数头戴长冠者，似为中下级军吏。个别的头戴鹖冠，神情威严，则属于高级指挥官。

《齐民要术》记载的古代妆粉制作方法

梁米第一，粟米第二……于木槽中下水，脚踏十遍，净淘，水清乃止。大瓮中多着冷水以浸米，春秋则一月，夏则二十日，冬则六十日，唯多日佳。日满，更汲新水，就瓮中沃之，以酒杷搅，淘去醋气，多与遍数，气尽乃止。稍稍出着一砂盆中熟研，以水沃之。接取白汁，绢袋滤着别瓮中。粗沉者更研，水沃，接取如初。研尽，以杷子就瓮中良久痛抨，然后澄之。接去清水，贮出淳汁，着大盆中，以杖一向搅——勿左右回转——三百余匝，停置，盖瓮，勿令尘污。良久，澄清，以勺徐徐接去清，以三重布帖粉上，以粟糠着布上，糠上安灰；灰湿，更以干者易之，灰不复湿乃止。然后削去四畔粗白无光润者，别收之，以供粗用。粗粉，米皮所成，故无光润。其中心圆如钵形，酷似鸭子白光润者，名曰「粉英」。英粉，米心所成，是以光润也。无风尘好日时，舒于床上，刀削粉英如梳，曝之，乃至粉干。

1. 准备原料：梁米（大黄米）；

2. 淘净梁米，磨成粉置入瓮中，以冷水浸泡，春秋浸泡 1 月，夏则 20 日，冬则 60 日。"唯多日佳"；

3. 浸泡日满后，换新水，用木棍搅拌淘洗，直至淘去醋气，这一过程需数日；

4. 接取白色米汁，过滤，置入新瓮中；

5. 反复捶打米浆，澄出米汁，此时滤出的米汁越发白皙；

6. 用木棍向一个方向搅拌米汁三百余次，确保米浆不黏结，同时分离出粗白无光的部分；

7. 澄清米汁，用勺一点点撇去清水，留下水粉淳汁。然后将两层纱布贴在水粉上，倒上草木灰，用灰一遍遍吸去水分，直至吸干，得到米粉块；

8. 晾晒米粉块；

9. 用刀削去粉块四周粗白无光润的部分，留下中心白且光润部分，即"粉英"，晾干之后磨粉装盒；

10. 用香压将米粉压实成粉饼。

人咸知修其容而莫知飾其性性之不飾或愆礼正斧之藻之克念作聖

第二章

成形

汉：审美成形

魏晋南北朝：美而自在

汉：审美成形

    汉代，是秦代大一统之后中国历时最长的王朝，前后有 405 年之久。秦代用强权和暴政完成了中华大地政治上的大一统，而汉代则用其思想和智慧完成了中国文化上的大一统。中国人的妆容审美规范基本成形于这一时期。在黄老之学影响下所追求的"简约素朴""大美气象"以及"端庄温婉"的人物气质，在"罢黜百家，独尊儒术"的经学规则下所崇尚的"阳尊阴卑""温顺柔弱"和"恭敬曲从"的克制化修饰，都使中国历史上汉族女子的妆容在整体上呈现为以追求薄妆为主，而浓妆艳抹则主要出现在像北魏、唐朝这样的胡汉混血的二元帝国。同时，汉代大量吸收充满浪漫巫风的南楚文化，为北方的儒家理性文化注入了大量保存在原始巫术和神话中的浪漫主义精神，又导致汉代的妆容时尚并不失奇妆异服的点缀与流行。

西汉：由简约素朴走向大气磅礴

    影响汉代女性审美观的核心思想是早期道家的"黄老之学"和中期以后以董仲舒为代表的新儒学，而对西汉早中期影响最大的则是前者。汉初统治者实行休养生息政策，容纳了各家思想，以"事少而功多"为

西汉彩绘女陶俑，长眉连娟，樱桃小口，中分垂鬟，发鬟两侧的空洞原本应插有首饰。美国大都会艺术博物馆藏

旨归的"黄老之学"恰恰顺应了这种社会需求。"黄老之学"崇尚自然，推崇"无为而治"，同时倡扬开放、积极和可实践的"大美"气象，对这一时期女性妆容审美产生了深远的影响。

谈妆容之前，先简单介绍汉代的妆品。汉代的化妆用品相较先秦有了长足的发展。随着秦汉炼丹术的兴起及汉代冶炼技术的提高，敷脸的妆粉，在米粉的基础上发展出铅粉，并作为化妆品流行开来。在文学作品中因此诞生了一个新词汇"铅华"。东汉张衡《定情赋》中便有"思在面而为铅华兮，患离神而无光"，曹植《洛神赋》中也有"芳泽无加，铅华弗御"。一个新的词汇，往往伴随着新概念或新事物的出现而诞生。铅华一词在汉魏之际文学作品中的广泛使用，绝非偶然，当是铅粉社会存在的反映。

汉代画眉用品以石黛为主，石黛用天然石墨或煤精制成，因其质浮理腻，可施于眉，故有"画眉石"的雅号。这是中国的天然墨，在发明烟墨之前，男子用它来写字，女子则用它来画眉。石黛有两种使用方法：一种是直接用一根木质或者石质的棒状画眉笔在块状石黛上摩擦，充分粘取石墨粉，然后直接画眉上色，这种方法很方便，画在皮肤上颜色较淡，比较自然，在新疆的很多墓葬中都曾出土类似文物。第二种方法是将黛块放在专门的黛砚上，磨成墨浆，然后用毛笔描在眉毛上，这种画法画出的颜色可以很浓重。汉代的黛砚在南北各地的墓葬里多有发现。例如广西贵县罗泊湾一号汉墓的马蹄形梳篦盒内出土了一包已粉化的"黛黑"，盒内还放有木梳及木篦各一件，黛黑和梳篦放在一起，必属化妆品无疑，但遗憾的是简报中并未说明此黛黑为何种材料所制。江苏泰州新庄汉墓出土了黛板 3 件，其中较大的一件和用变质岩石制成的方形研磨器同出，板上还粘有黛迹，黛砚原也应是置于漆奁之内。另外像河北易县东汉墓、山东临沂金雀山等诸多汉墓中都曾出土黛砚。

汉代彩妆品中最为人称道的进步就是红蓝花*胭脂的引进。汉以前，胭脂主要是用以朱砂为代表的矿物制作，颜色鲜艳但有毒性。红蓝花的引进，使胭脂的原料摆脱了矿物色素的局限，而改为植物色素，对于中国妆品所追求的美养兼顾起到了重要的积极影响。史载红蓝花是汉武帝时，由出使西域的张骞带回中土，因花来自焉支山，故汉人称其所制成的红妆用品为"焉支"。"焉支"为胡语音译，后人也有写作"烟支""鲜支""燕支""燕脂""胭脂"的。相较其他可以用于提取红色素的植物，例如紫草、茜草等，红蓝花制成的胭脂颜色更为浓郁鲜艳，故又有"真红""鲜红"之称。

尽管汉代彩妆品制作相比先秦有了长足发展，但西汉时期社会审美风气受"黄老之学"影响，妆容修饰整体上趋于"简约素朴""清新淡雅"，着重体现的是女子的本真之美。"黄老思想"的清静无为，在政治上看似是一种退却，却是积极的退却，是在退却条件下的进取。当时崇尚"休养生息"，休养是表象，生息才是根本。这种思想体现在妆容审

* 红蓝花，亦称「黄蓝」「红花」。宋《嘉祐本草》载：「红蓝色味辛温，无毒。堪作胭脂，生梁汉及西域，一名黄蓝」。西晋张华《博物志》载：「黄蓝，张骞所得，今沧魏亦种。近世人多种之。收其花，俟干，以染帛，色鲜于茜，谓之真红，亦曰鲜红。目其草曰红花。以染帛之余为燕支。十草初渍则色黄，故又名黄蓝。」

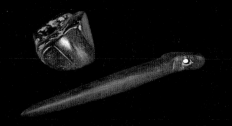

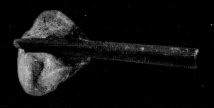

1 2
3
   4

1　出土于新疆维吾尔自治区阿克苏地区包孜东乡的汉代
眉石和眉笔，眉笔长 10.7 厘米，直径 1 厘米；眉石长 3.1
厘米、宽 2.4 厘米、高 1.9 厘米（中国文物交流中心 . 汉
风：中国汉代文物展 [M]. 北京：科学出版社 ,2014.）

2　出土于新疆维吾尔自治区和田地区山普拉古墓的汉代
眉石和眉笔，眉笔为砂石岩质，长 7.5 厘米，眉石长 3.1
厘米、宽 2.5 厘米（新疆维吾尔自治区博物馆 . 古代西域
服饰撷萃 [M]. 北京文物出版社 ,2010.）

3　出土于山东省临沂市金雀山的漆盒石砚，长 21.5 厘米、
宽 7.4 厘米，右侧方形为研墨石，在具有一定硬度和形状
的墨锭出现前，研墨的方法是将小墨丸或碎墨块置于砚面
上，加水后用研墨石相压研磨成墨汁，故出土汉砚多伴有
研墨石（中国历史博物馆 . 中国历史博物馆：华夏文明史
图鉴 [M]. 北京：朝华出版社 ,2002.）

4　出土于甘肃省武威市磨嘴子汉墓的"白马作"毛笔，长
23.5 厘米、直径 0.6 厘米，可用于描眉（李炳武 . 绚丽丝
路的瑰丽菁华：甘肃省博物馆 [M]. 西安：西安出版
社 ,2019.）

1
2

1 出土于湖南省长沙市马王堆一号汉墓的双层九子漆奁，上层放置手套及丝织品，下层放有 9 个小漆盒，分别放置梳、篦各一件，粉状化妆品配丝绵粉扑一块，方形白色化妆品，胭脂，油妆化妆品，针衣、茀各两件，丝绵、假发各一件，白色粉状化妆品，油妆化妆品配丝绵粉扑一块。湖南省博物馆藏（陈建明．湖南省博物馆文物精粹 [M]．上海：上海书店出版社，2003．）

2 出土于湖南省长沙市马王堆一号汉墓的单层五子漆奁，奁内有笄、镜、擦、茀、环手刀、镊、木梳、印章、木篦等工具和五个漆盒，漆盒内装有化妆品和花椒、香草等香料，图中铜镜与妆具已经取出。湖南省博物馆藏（湖南省博物馆，中国科学院考古研究所．长沙马王堆一号汉墓　下集 [M]．北京：文物出版社，1973．）

美上是同样的道理。孔子也提出"绘事后素"，认为修饰必须在素朴之质具备以后才有意义，素朴之美是本，化妆修饰是表，不可本末倒置。

因此，为了彰显本真之美，古代女子很注重自我内在的保养。中国古代尽管彩妆上不尚浓艳，但养颜术却是非常发达的，养颜用品多种多样，从洗面的澡豆、洗发的膏沐、乌发的膏散、润发的香泽、润唇的口脂、香身的花露与膏丸、护肤的面脂与面药、护手的手脂与手膏，到疗面疾与助生发的膏散丹丸，可谓应有尽有。大部分配方在中国历代的经典医书里都可以找到，已发现的最古老养颜医方来自马王堆汉墓帛书《五十二病方》，同一时期的《神农本草经》则有更多美容和养容的内容。马王堆一号汉墓辛追墓中，出土了两个妆奁，里面放置的妆品有九种之多，梳妆用具则有十余种之多。

中国古代女性的养颜术是和中医紧密联系在一起的。中医讲究的是"防病于未然"，重视"固本培元""起居有常"，注重身体内部根基的培植和与外在世界的和谐，因此，中国女子的美从不单纯依靠外在修饰，而是一种依托于内在的质的闪烁。这是中西妆容文化最大的区别。

出于这样的思想观念，再加上汉初经济凋敝，西汉妆容大多清淡雅致，追求天趣。故此，在汉代表现女性的文学作品中，对于妆容的描写少之又少。如《孔雀东南飞》中的刘兰芝、《陌上桑》中的秦罗敷、《羽林郎》中的胡姬，作者都只提及衣着、发型和首饰，对于妆容几乎不着半字。而在史籍零星的记录中，清水出芙蓉般的淡雅妆面始终是主流。例如汉初的卓文君，便是一位极富眉间天然色的美人。《西京杂记》中载："文君姣好，眉色如望远山。"这里的"远山眉"是一种保留纯天然眉峰的眉形。天生之眉多有眉峰，之所以称为眉峰，皆因眉尾隆起如山峰之状，但女子修眉多喜去除眉峰，刻意修成弯弯的蛾眉之状，蛾眉固

远山眉妆容复原。模特：张常宁；化妆造型：
吴娴、张晓妍；摄影：文华（泰岩摄影）

然有纤弱窈窕之美，却失其本真。保留眉峰的天然眉形，有一种如望远山之意境，在天趣中又自有一种英姿显现。大美人林青霞，无论时尚如何转换，她始终保留着天然的眉峰，这使得她的美没有小家碧玉的人为雕琢，始终呈现出一种英姿绰约的大美风范。汉代卓文君的远山眉应与其如出一辙，只是林青霞眉色略重，卓文君或眉色略淡，视之如望远山，缥缈而又不失棱角，与卓文君出身巨富，勇于追求个人幸福的独立性格也相得益彰。汉代的出土汉俑和壁画中多有保留眉峰的山形眉女子。

对天趣之美的追求，也影响了宫中妃嫔。汉伶玄《赵飞燕外传》中有关于赵飞燕的妹妹赵合德的妆容描述："合德新沐，膏九曲沉水香。为卷发，号新髻；为薄眉，号远山黛；施小朱，号慵来妆。"这里的"慵来妆"，便是一种表现美人刚刚出浴，遍体芬芳，略显倦慵的淡妆。薄施朱粉，浅画双眉，鬓发蓬松而微卷，在慵懒之态中展现天然的风流与性感，也是体现古时女子淡妆之美的经典描述了。

除了崇尚自然、追求天趣，"黄老之学"同时还倡扬一种开放的、积极的"大美"或"壮美"气象。正如前文所述，先秦汉民族便常常以大为美，秦汉延续了这种审美喜好。最能反映"黄老之学"思想的著作当推《淮南子》，又名《淮南鸿烈》。"鸿，大也；烈，明也。以为大明道

陕西省西安市曲江翠竹园西汉墓壁画中贵族妇女的山形眉（西安市文物保护考古研究院.西安西汉壁画墓 [M]. 北京：文物出版社，2017.）

之言也。"（汉刘安《淮南鸿烈解》）从书名中，我们就可以看出该书以"大"为美的基本思想。对"大"的提倡，旨在塑造一种时代性的"大美"人格，即"大丈夫"。这个"大丈夫"是一种具有生命力的事功型、实践型"大美"人格，是一种"大道"的人格体现。这正是汉代社会精神的灵魂，从中我们也能感受到汉初整个社会积极昂扬的气息。

这种时代精神无疑也对汉代女性的妆容审美产生了深远的影响。谢承的《后汉书》里载有一长安民谚，"城中好高髻，四方高一尺；城中好广眉，四方且半额；城中好大袖，四方全匹帛"，从发型、妆容、服装三个方面生动地描绘出了两汉之交长安城中时尚女子大气磅礴的服饰形象。对于长眉、广眉、阔眉的喜好，在汉代诸多文学作品和出土文物中均有表现，司马相如的《上林赋》中有"若夫青琴，宓妃之徒……靓妆刻饰……长眉联娟"，马王堆汉墓出土木俑的脸上亦是墨色长眉画入鬓。

不过长眉和广眉毕竟不是常态，纤细的蛾眉一直是中国古代女子眉妆的主流，从大量出土的彩绘汉俑来看，汉代也不例外。《妆台记》中还载汉武帝"令宫人作八字眉"，其中的"八字眉"描画出略显忧伤的妆容，突出女性娇柔孱弱之姿，这种审美的流行滥觞于西汉后期，到东汉广泛传播，将中国女性审美引入另一种境界。

1

2

1　西安理工大学西汉晚期墓壁画，画中女性高髻广眉（西安市文物保护考古研究院.西安西汉壁画墓[M].北京：文物出版社,2017.）

2　出土于湖南省长沙市马王堆一号汉墓的彩绘木俑，长眉入鬓（湖南省博物馆，中国科学院考古研究所.长沙马王堆一号汉墓[M].北京：文物出版社,1973.）

西汉民间女子普遍流行垂髻。垂髻是将发髻向下梳，梳好后垂于颅后的一种发式。汉代垂髻一般正面中分，有些两侧发内会略微垫高，使头形显得更为饱满，也留出插戴首饰的空间。完整束系起来的垂髻称为"椎髻"。还有一些垂髻会在髻中分出一绺头发，朝一侧垂下，随风飘扬，给人以发髻松散之感，这便是上文提到的名噪一时的"堕马髻"了。

垂髻通常简约大气，不易插戴首饰，所以西汉头饰整体比较简约，最有时代特征的一种叫"擿"。擿又名"掃"，是一种扁平细长且一端有细密长齿的发饰，由竹木、骨角、象牙或玳瑁制作而成，其形制有方首与圆首之分，无论男女都可使用。擿诞生于周，流行于西汉，自东汉以后，女子发髻由垂髻转向高髻，而擿的质地不够坚硬，无法有效地支撑高髻，因此逐渐退出了历史舞台，被发钗替代。

与淡妆、垂髻呼应的，是西汉女子略显含胸佝偻的体态。西汉早中期的曲裾袍腰带系于臀部，故人物体貌往往呈现上长下短的视觉效果。从文物上观察，古人穿着正式服装后，或许是出于礼仪的规定，双袖都必须挡在衣带之前，只有低下肩膀、弯下腰才能较为轻松地完成，这使得西汉早中期女子的精神气质在简约素朴中略显低调含蓄。西汉晚期，随着腰带位置逐渐提高，人物身材比例在视觉效果上逐渐转为上短下长，精神气质也由拘谨低垂走向大气昂扬。

儒家妆容复原。模特：张常宁；化妆造型：苏晓娟；摄影：文华（秦岩摄影）

东汉：庄重与纤柔之美并存

西汉中后期，汉武帝"罢黜百家，独尊儒术"，新儒学体系逐渐成为汉代社会的统治思想，"黄老之学"的自然无为思想的影响逐渐淡化，中国女性开始了儒家礼教束缚下的漫长生活。

儒家对妆容的影响主要体现在两个方面。其一是主张有克制的修饰，将妆容修饰与修身养性结合起来。儒家对于妆饰的态度和道家不太一样，道家"法天贵真"，赞赏"大巧若拙，大朴不雕"，推崇天然美，但儒家是赞同适当地修饰的，强调"美"和"善"的统一，追求"文质彬彬，然后君子"。儒家认为，艺术包含的情感是一种有节制的、有限度的情感，即"乐而不淫，哀而不伤"，符合"礼"的规范，才是审美的情感。正如《子思子辑解》卷三中所说："礼义之始在于：正容体，齐颜色，顺辞令。"其二是从理论上确立了女性对男性的全面依附关系，导致女性的妆饰从素朴大气迅速转向了追求娇弱与纤柔。定儒家为一尊的董仲舒在女性问题上的主要观点是"阳尊阴卑"说和"三纲五常"说。所谓"阳尊阴卑"，就是董仲舒认为天崇阳贱阴，并由之派生出人世之阳尊阴卑，即"丈夫虽贱皆为阳，妇人虽贵皆为阴"；"三纲五常"则是指"君为臣纲，父为子纲，夫为妻纲"这三种社会伦理纲纪和"仁、义、礼、智、信"这五种个人道德原则，据此，新儒学提出了"男尊女卑"的永恒性。到了东汉初年，《白虎通》又把"三纲"发展为"三纲六纪"，进一步强化了男性对妇女的人身控制，使女性处于更加卑弱的地位。这无疑对西汉后期直至东汉的女性审美产生了极大的影响，进而影响了此后整个封建社会汉族女性审美的塑造。

先秦时期的夫妻关系，还强调"夫妇有义""合体同尊"，讲究互相尊重和平等。而汉代的"夫为妻纲"则把夫妻关系变成了丈夫对妻子的统治关系。东汉班昭所著的《女诫》便是一本教诲女子如何"曲从""卑弱""敬顺"的教科书，影响此后中国的女性观长达两千年之久。了解了这样的时代背景，我们再看东汉时期最为脍炙人口的一段妆容记载，便不难理解其中原委。

《后汉书·梁统传》载："（冀妻孙）寿色美而善为妖态，作愁眉、啼妆、堕马髻、折腰步、龋齿笑，以为媚惑。"梁冀是东汉后期的一个外戚、权臣，出身世家大族，他妹妹就是汉顺帝皇后。这段记载讲的是他的妻子孙寿引发的一种装扮时尚。孙寿长得漂亮，但总打扮得妖里妖气。《风俗通》注曰："愁眉者，细而曲折。啼妆者，薄拭目下若啼处。堕马髻者，侧在一边。折腰步者，足不任体。龋齿笑者，若齿痛不忻忻。"这里的"足不任体"指的是脚好像承受不住体重，走路时摇摆着臀部，装出腰肢细得像要折断的样子。"若齿痛不忻忻"则指的是笑容一点也不开心，就像忍受着牙疼一样。如此另类的装扮，影响却很大，"至桓帝元嘉中，京都妇女作愁眉、啼妆……京都歙然，诸夏皆放（仿）效。此近服妖也"（《后汉书》），竟引起了全京城女子的模仿与追逐，以致引起官方的反感，被列入服妖，下令禁止。孙寿对自我形象的塑造并不仅仅局限于妆容，而是全方位地包含了发型、神态，乃至步态，所以她被称为中国历史上第一位造型师当之无愧。

这种看起来如此病态的装扮为何会在东汉大规模流行？结合之前的分析，我们便很容易理解。"女以弱为美"是《女诫》中最为重要的观点，强调女性要以"弱"示人，不仅要内心软弱温顺，外表也要柔弱无力才好。按照史书记载，孙寿实际是个"性钳忌"的女子，但依然要表现出一派弱不禁风的样子，这不能不说是时代风习下的产物。

与此有异曲同工之效的还有"面靥",也称"妆靥""的""勺面"等，一般指古代妇女施于两侧酒窝处的一种妆饰。东汉刘熙《释名·释首饰》中有载："以丹注面曰勺。勺，灼也。此本天子诸侯群妾当以次进御，其有月事者止不御，重于口说，故注此丹于面，灼然为识，女史见之，则不书其名于第录也。""勺"就是在脸颊处点红点，最初是宫中嫔妃作为标记使用，类似于戒指的功能。即颊有红点表示该女子处于孕期或经期，不便行夫妻之事，女史见之便不列其名。其原本只是宫闱内里之事，后来人们觉得妆容之中如此点缀楚楚可怜，有益姿容，此妆饰便在民间广泛流行开来，并在接下来的魏晋、盛唐达到流行的鼎盛。繁钦《弭愁赋》中便写道："点圈的之荧荧，映双辅而相望。"

在发型方面，受西汉晚期"城中好高髻"风潮的影响，东汉女子的发型开始由低垂走向高耸。女子发式开始变得丰富活泼，头顶高髻开始普遍流行，西汉的垂髻几乎彻底不见了。高髻的流行又必然伴随着假髻的使用，《续汉书》记载，东汉命妇在入庙等特殊礼仪场合，多戴"翦氂帼""绀缯帼""大手髻"等。这里的帼，又称"巾帼"，是古代妇女的一种假髻。这种假髻，与一般意义上的假髻有所不同。一般的假髻是在本身头发的基础上增添一些假发编成的发髻，而帼从某种意义上说，更像一顶冠。如"翦氂帼"，应是以牦牛身上的长毛编织而成的织物；而"绀缯帼"，则是直接以丝帛制成，内里再衬金属框架，用时只要套在头上，再以发簪固定即可。东汉壁画《夫妇宴饮图》中的女性、朝鲜半岛乐浪汉墓彩箧所绘皇后均佩有巾帼，更直观的形象则可参照四川出土的诸多女性陶俑，往往有宽带罩于额上，勒于头后系结。

除此之外，汉代宫廷中流行的高髻还有很多，多为皇帝所好，令宫人梳之。《中华古今注》记载："汉高祖又令宫人梳奉圣髻，武帝又令梳

◁
"愁眉啼妆、堕马髻、龋齿笑"妆容复原。模特：汪晨雪；
化妆造型：裘悦佳；摄影：文华（泰岩摄影）

1

2 3

1　山东省泰安市东平汉墓（墓葬年代约为西汉末年至东汉早期）壁画，画中人物广眉、高髻，着高腰装束，昂扬而舒展，与西汉女子身形大相径庭（李振光.东平后屯汉代壁画墓 [M]. 北京：文物出版社,2010）

2　出土于四川省遂宁市崖墓的舞伎俑，头戴巾帼。四川省博物馆藏

3　东汉南阳画像石上的高髻侍女，腰线上提（王建中，闪修山.南阳两汉画像石 [M]. 北京：文物出版社,1990.）

十二鬟髻，又梳堕马髻，灵帝又令梳瑶台髻。"另外，还有反绾髻、惊鹄髻、花钗大髻、三环髻、四起大髻、欣愁髻、飞仙髻、九环髻、迎春髻、垂云髻等，数不胜数。

在女性体态上，如果说西汉追求自然大气的美，体现的是静穆中的凝重，那么东汉女子则更多了一份灵动与纤秀。腰线上升，发髻高梳，精神气质也由庄重含蓄转向舒展飘逸。但总体上来讲，汉代女性呈现出一种庄重与纤柔之美并存之态。

这两种美也可看成对妻与妾的不同审美标准。

汉代男性在选择正妻时，以德为主，兼及才、色。《后汉书》记载，汉代遴选皇后，要求"姿色端丽，合法相者"，明德马皇后"身长七尺二寸，方口，美发"；和熹邓后"长七尺二寸，姿颜姝丽，绝异于众"。正史多不描绘皇后容貌，这些极简单的概括大体反映出了她们的庄重之美和修长的身材。

汉代皇帝自行选择妃子时，标准则完全不同，长袖善舞、体态轻盈几乎是共有的标准。汉高祖刘邦最宠爱的戚夫人，就是一位"善为翘袖折腰之舞，唱《出塞》《入塞》《望归》之曲"（《西京杂记》）的风流美妇。汉武帝的那位"一顾倾人城，再顾倾人国"的李夫人也是"妙丽善舞"。西汉成帝宠爱的赵飞燕、赵合德更是以纤细柔弱、体态轻盈、美丽善舞而著称。这类女性与先秦《楚辞》中所描绘的女乐、舞女、神女可谓一脉相承。

众所周知，汉代在政治制度上承袭秦制，在文化艺术上则吸取了大量楚文化。楚文化充分地保存和延续了远古传统的原始活力和野性，喜爱神话并热衷歌舞，一直延续到汉代的楚舞便是一种动作幅度较大的舞蹈，有翘袖、折腰等很多高难度的动作。两汉的乐舞文化蓬勃发展，从

孙寿创造的诡异造型中我们也能体味到浓郁的表演意味。可以说，南楚文化为北方的儒家理性文化注入了大量的保存在原始巫术和神话中的浪漫主义精神，从而产生了生气勃勃、恢宏伟美、融合深沉的理性精神和大胆的浪漫幻想的汉文化。这对汉代女性美无疑产生了重要影响。

综上所述，我们可以看出，汉代女性的妆容审美，从汉初"黄老之学"影响下的简约素朴、大气磅礴，到西汉后期又因"罢黜百家，独尊儒术"的政策而转向追求娇弱纤柔、恭顺曲从。这一道一儒的两种倾向，可以说奠定了中国后期封建社会汉族女性的主流妆容审美规范。同时，由于南楚文化对汉代文化艺术的影响，汉代女性审美中又始终伴随着一种充满原始生命力的浪漫与活力。

◁1

2

1 出土于广东省广州市南越王墓的西汉玉舞人。西汉南越王博物馆藏（古方 . 中国出土玉器全集 [M]. 北京：科学出版社，2005.）
2 出土于陕西省西安市白家口的西汉舞女俑。中国历史博物馆藏（中国历史博物馆 . 中国历史博物馆：华夏文明史图鉴 [M]. 北京：朝华出版社，2002.）

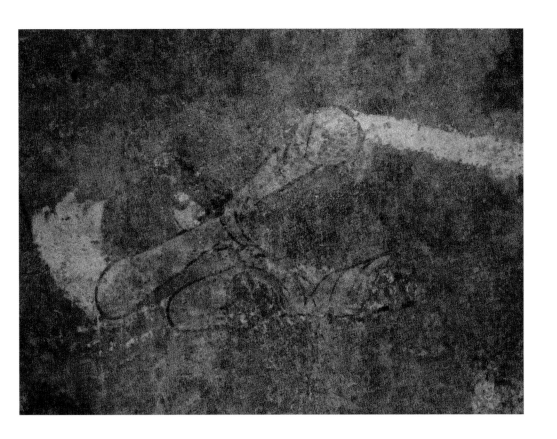

1 2

1—2　山东省泰安市东平汉墓 M1 南壁壁画中翩翩起舞、
四肢舒展的舞女（李振光 . 东平后屯汉代壁画墓 [M]. 北京：
文物出版社，2010. ）

魏晋南北朝：美而自在

在中国古代妆容史上，魏晋南北朝是一个爆发的时代。华丽无比的盛唐彩妆风潮，其实只是魏晋南北朝丰富妆型的集中显现而已。大唐厚葬成风，保留下来的壁画和文物丰富多彩，为我们研究彩妆提供了丰富的视觉资料。事实上，没有魏晋南北朝的大量妆型积淀，没有魏晋南北朝的胡汉交流与佛教东传，不可能有后来的大唐繁华彩妆。只是魏晋南北朝战乱频仍，动荡不安，朝代更替频繁，贵族无力也无心厚葬，故此保存下来的妆容记载多为文献资料，图像资料相对匮乏，但比之先秦与秦汉，已是不可同日而语了。

魏晋南北朝，又称三国两晋南北朝，从名字就可以看出，这是由一大堆短命王朝所组成的时期的统称。政权的分裂和王朝的不断更替必然伴随着大规模的战乱，这一方面使社会经济遭到相当程度的破坏，但另一方面，由于南北迁徙，民族错居，中央集权的统一大帝国不复存在，各民族之间的交流与融合反倒比此前更为频繁，人们的眼界开阔了，思想上的禁锢也被打破了。汉代以"仁"为本的儒学信仰出现了危机，社会动荡给人们带来朝不保夕的危机感，使得人们开始重新思索人生的意义，从而把魏晋思想引向了玄学。玄学一反汉代把群体、社会放在首位的思想，而把个体人格的独立自由提到了第一位。门阀贵族们注重教养与风度，推崇和考究人的才情、思辨、品貌、智慧等，带来了"人的觉

* 李泽厚 · 美的历程 [M]. 北京：生活 · 读书 · 新知三联书店，2009.

* 宗白华 · 美学的境界 [M]. 北京：文化发展出版社，2018.

醒"，因此魏晋时期大讲人物品藻，"追求内在的智慧，高超的精神，脱俗的言行和漂亮的风貌。而所谓漂亮，就是以美如自然景物的外观来体现出人的内在智慧和品格"*。正如宗白华先生所说的那样："汉末魏晋六朝是中国历史上最混乱、社会上最痛苦的时代，然而却是精神上极自由、极解放，最富于智慧、最浓于热情的一个时代，因此也就是最富于艺术精神的一个时代。"*门阀士族男子们不仅自己爱美，"无不熏衣剃面，傅粉施朱"（《颜氏家训》），追求"标俊清彻"（《晋书》）、"风姿特秀"（《世说新语》），也影响了此时代的女性审美，使得围绕在他们身边的女性也呈现出一种充满神仙气的超脱与自在之美，妆容无所禁忌又轻盈飘逸。

不可回避的是，魏晋南北朝依然是一个男权至上的社会，尤其是在战乱时代，一朝天子一朝臣，男性朝不保夕，被抢夺、被玩弄几乎是女性的宿命。那位让曹植日思夜想而写出流传千古的《洛神赋》的"姿貌绝伦"的甄皇后，便是曹操灭袁绍时抢夺过来的袁绍儿媳；那位"光彩溢目，映照左右"的陈后主贵妃张丽华，在隋灭陈后，被冠以"祸水误国"而被斩杀；"秀惠而绝艳"的北齐文宣皇后李祖娥，在文宣帝死后被逼入武成帝后宫，后被打得鲜血淋漓，被迫为尼；有"咏絮之才"的东晋宰相谢安侄女谢道韫，晚年丈夫被杀，虽保住一条命，但也是晚景凄凉。这些贵为后妃、出身侯门的女子命运尚且如此，出身卑微、被买卖或者被抢夺的女性命运就更如草芥一般，死生全由他人做主。西晋富豪石崇对待家伎之残暴简直令人发指；吴主孙皓后宫有美女五千，晋武帝后宫人数逾一万，"王侯将相，歌伎填室；鸿商富贾，舞女成群。竞相夸大，互有争夺，如恐不及，莫为禁令"（《全梁文》）。魏晋南北朝文献中记载的奇妆异服，便主要集中在这群后宫佳丽、家伎舞女身上。我们今天赞叹的这些百无禁忌的脂粉繁华，背后又有多少"人生几何，譬如朝露"的无奈与悲凉！

文献层面的彩妆高峰时代

由于儒学的没落和玄学的兴起，魏晋时期不论男女，均追求以漂亮的外在风貌来表达超凡的内在人格。佛教东传，南北迁徙交流令魏晋人眼界大开，再加上后宫佳丽、家伎舞女数量实在众多，她们必须以独特的妆容来吸引主人的眼光，种种原因促成了魏晋南北朝彩妆爆发式的发展。然而，魏晋兴薄葬，可考的妆容文物数量稀少，彩妆的发展大多只呈现于文字记载，故此我们将这一时期称为文献层面的彩妆高峰时代。

下面介绍魏晋文献记载的主要妆容和装饰。

白妆，即以白粉敷面，两颊不施胭脂，多见于宫女。《中华古今注》云："梁天监中，武帝诏宫人梳回心髻、归真髻，作白妆青黛眉。"这种妆式多追求素雅之美，颇似先秦时的素妆。

晕红妆，即以胭脂、红粉涂染面颊，比较浓艳。温庭筠《靓妆录》中记载有："晋惠帝令宫人梳芙蓉髻，插通草五色花，又作晕红妆。"

紫妆，以紫色的粉拂面而成。紫粉最初多用米粉、胡粉掺落葵子汁调和，呈浅紫色（图见85页）。相传为魏宫人段巧笑始作。晋崔豹《古今注》载："魏文帝宫人绝所宠者，有莫琼树、薛夜来、田尚衣、段巧笑四人，日夕在侧。……巧笑始以锦衣丝履，作紫粉拂面。"以现代化妆的经验来看，黄脸者，多以紫色粉底打底，以掩盖其黄，这是化妆师的基本常识。或许段巧笑正是此妙方的创始人呢！

北魏乐舞陶俑，着晕红妆。洛阳博物馆藏

　　徐妃半面妆，顾名思义，即只妆饰半边脸面，左右两颊颜色不一。此法相传出自梁元帝之妃徐氏之手。《南史·梁元帝徐妃传》中载："妃以帝眇一目，每知帝将至，必为半面妆以俟。帝见则大怒而出。"

　　仙蛾妆，一种眉心相连的眉妆。在眉妆上，魏晋南北朝最为流行的仍然是汉代的蛾眉、长眉与广眉。晋代的《古今注》中便写道："今人多作娥眉。"南朝沈约《拟三妇》诗中有："小妇独无事，对镜画蛾眉。"此时的长眉在汉代的基础上更有发展。《妆台记》中叙"魏武帝令宫人扫青黛眉，连头眉，一画连心甚长，人谓之仙蛾妆；齐梁间多效之"。《中华古今注》亦云："魏宫人好画长眉，今作蛾眉惊鹄髻。"文人诗赋中，有曹植《洛神赋》中"云髻峨峨，修眉联娟"的赞辞及南朝吴均的"纤腰曳广袖，半额画长蛾"等。可见，此时的长眉，不仅仅只朝"阔耳"的方向延伸，且已然是连心眉了。长眉既是一个时代的审美主流，又蕴含着复古之情。至于广眉，在十六国时期出土的一系列女乐伎壁画中多见广眉，其所展现的旷达随性的气质，在今天看来依然动人。

　　八字眉。晋葛洪《抱朴子·祛惑》云："世云尧眉八彩，不然也。直

仙蛾妆复原。模特：张译月；化妆造型：裘悦佳；摄影：
华徐永

○

甘肃省酒泉市丁家闸十六国墓壁画中的广眉女乐伎，头梳
发环，群髻乱舞（静安 . 甘肃丁家闸十六国墓壁画 [M]. 重
庆：重庆出版社 ,1999.）

两眉头甚竖，似八字耳。"李商隐《蝶三首》中描写南朝宋武帝之女寿阳公主时也曾写道："寿阳公主嫁时妆，八字宫眉捧额黄。"公主连出嫁也画八字眉，可见其流行程度。

额黄，也称"鹅黄""鸦黄""约黄""贴黄""宫黄"等，因以黄色颜料染画于额间，故名。它的流行，与魏晋南北朝时佛教在中国的广泛传播有直接关系。当时全国大兴寺院，塑佛身、开石窟蔚然成风，女性或许是从涂金的佛像上受到了启发，也将自己的额头染成黄色，久之便形成了染额黄的风习。北周庾信《舞媚娘》诗中写："眉心浓黛直点，额角轻黄细安。"梁江洪《咏歌姬》诗中亦云："薄鬓约微黄，轻红澹铅脸。"南朝梁简文帝萧纲在多首诗中都曾提及额黄，如"同安鬟里拨，异作额间黄"（《戏赠丽人》）、"约黄出意巧，缠弦用法新"（《率尔为咏诗》）、"约黄能效月，裁金巧作星"（《美女篇》）。

染鹅黄的颜料选择上，姜黄十分适宜。姜黄染色后呈现出明亮的黄色，附着力强而且非常透明。一千多年前，姜黄（粉）就作为药品陆续被记录在古印度的传统医学"阿育吠陀"、泰米尔古医学著作《悉达医学》等诸多亚洲古医学书籍中。印度人民自古认为姜黄粉内服有助于祛除疾病，外用则可以改善肤质。直到现在，印度人还保留着在婚礼之前涂抹姜黄的重要仪式，就是给新郎、新娘的脸上、手臂上、腿上和脚上涂上姜黄泥，保证新人的皮肤柔软、嫩滑。除了婚礼，涂抹姜黄粉也被用在印度教各种宗教仪式中。

除了染画，也有用黄色硬纸或金箔剪制成鹅黄花样，以胶水粘贴于

○
甘肃省酒泉市魏晋十六国墓彩绘画像砖八字眉女子（张宝玺．嘉峪关酒泉魏晋十六国墓壁画 [M]．兰州：甘肃人民美术出版社，2001．）

▷
寿阳妆复原。模特：汪晨雪；化妆造型：张晓妍；摄影：文华（泰岩摄影）

额上的。这种剪贴的鹅黄有星、月、花、鸟等多种形状，又称"花黄"。南朝梁费昶《咏照镜》诗云"留心散广黛，轻手约花黄"，陈后主《采莲曲》中提到"随宜巧注口，薄落点花黄"，北朝女英雄花木兰女扮男装代父从军，载誉归来后，也不忘"当窗理云鬓，对镜贴花黄"。

斜红，为面颊两侧、鬓眉之间的一种妆饰，大多形如月牙，色泽鲜红，有的还故意描成残破状，犹若两道刀痕伤疤，亦有作卷曲花纹者。其俗始于三国时。南朝梁简文帝《艳歌篇》中的"分妆间浅靥，绕脸傅斜红"便指此妆。这种面妆，现在看来似乎不伦不类，但在当时却颇为时髦，这是有原因的。

唐代张泌《妆楼记》中记载着这样一则故事："夜来初入魏宫，一夕，文帝在灯下咏，以水晶七尺屏风障之。夜来至，不觉，面触屏上，伤处如晓霞将散。自是，宫人俱用臙脂仿画，名晓霞妆。"魏文帝曹丕宫中新添了一名宫女叫薛夜来，文帝十分宠爱她。某夜，文帝在灯下读书，四周是水晶制成的屏风。薛夜来走近文帝，没留意到屏风，一头撞上，顿时脸颊撞伤，伤处仿若晓霞之将散，其他宫女见而生羡，也纷纷模仿薛夜来，用胭脂在脸颊上画上血痕，取名曰"晓霞妆"。久而久之，就演变成了这种特殊的面妆。可见，斜红源起之初，是一种缺陷美。

梅花妆，花钿的一种。花钿专指一种额饰，也称"额花""眉间俏""花子"等，秦始皇时便已有之。六朝时特别盛行一种梅花形的花钿，即"梅花妆"。相传宋武帝刘裕之女寿阳公主，在正月初七日仰卧于含章殿下，殿前的梅树被微风一吹，落下一朵梅花，不偏不倚正落在公主额上，额中被染成花瓣之状，且久洗不掉。宫中其他女子见其新异，竞相效仿，剪梅花贴于额，后渐渐由宫廷传至民间，成为一时风尚。因此梅花妆又有"寿阳妆"之称。

▷
东晋顾恺之《女史箴图》中描斜红、画花钿的贵族女子。
大英博物馆藏

　　碎妆，是一种将面靥画满脸或贴满脸的妆容。六朝时的面靥相比汉代已有很大的发展，不再局限于圆点状，而是各种花样、质地均有，如似金黄色小花的"星靥"，"靥上星稀，黄中月落"（北周庾信《镜赋》）；以金箔片制成小型花样的面靥，"裁金作小靥，散麝起微黄"（南朝张正见《艳歌行》）。并且，此时面靥已不局限于仅贴在酒窝处，而是发展到贴满整个面颊了，给人以支离破碎之感，故又称"碎妆"。五代后唐马缟的《中华古今注》记载的"至后（北）周，又诏宫人帖五色云母花子，作碎妆以侍宴"，指的便是此种面妆。

　　魏晋时期人物的身材，不论男女，均以"秀骨清像"为美。"秀骨清像"源自唐代张怀瓘在《画断》中对陆探微绘画的评语："陆公参灵酌妙，动与神会，笔迹劲利，如锥刀。秀骨清像，似觉生动，令人懔懔若对神明。"陆探微绘画的"秀骨清像"既表现人物清秀瘦削的体貌，也

◁
甘肃省酒泉市丁家闸十六国墓南顶壁画中的羽人女子，脸
上描有斜红、花钿与面靥（静安．甘肃丁家闸十六国墓壁
画 [M]．重庆：重庆出版社 ,1999.）

○
出土于新疆维吾尔自治区吐鲁番市阿斯塔那十三号墓的
十六国纸本画作，其中的侍女着梅花妆，两颊各画一朵梅
花。新疆维吾尔自治区博物馆藏

碎妆复原。模特：张译月；化妆造型：吴娴、张晓妍；
摄影：文华（泰岩摄影）

传达了精神层面的理想人格，即人物内在清刚、峭拔和智慧超脱，所以人们面对画面时会产生"令人懔懔若对神明"的感觉。这正与当时所推崇的魏晋风度极其吻合。"清""秀"二字，在魏晋人物品藻中比比皆是，王羲之"风骨清举"，嵇康"风姿特秀"，洛神"翩若惊鸿，婉若游龙……延颈秀项，皓质呈露"，谢道韫"神清散朗，固有林下风气"……这里虽然没有说胖瘦，但"清"往往和"瘦""癯""羸"等字并用，可见"清"反映在人的形象上，应该是属于比较瘦的类型。"秀"是"美好"之义，它常与"清"字合用，组合成"山清水秀""眉清目秀"等词汇。"秀"作为一种美的形象，和"清"一样，形容的是道骨仙风、消瘦俊朗的人物形象。

佛教东传带来的异域审美

佛教给中国文化与艺术领域带来的影响是巨大而深远的。魏晋时期，由于连年战乱，人命如草芥，西汉时已传入我国的讲求"死生有命，富贵在天，转世轮回，因果报应"的佛教思想，在此时有了扩大影响力的条件，逐渐成为门阀地主阶级的主流意识形态。北魏与南梁先后正式将其定为国教。佛教的思想我们暂不讨论，但伴随其同来的文学、音乐、舞蹈、建筑、雕塑、绘画、服装乃至妆饰等异域文化艺术，无疑给汉文化注入了巨大的活力。

在眉妆上，古来绿蛾黑黛的陈规被打破，别开生面的"黄眉墨妆"登上历史舞台。面饰用黄，大约是印度的风习，经西域输入华土。汉人仿其式，初时只涂额角，即"额黄"，再后乃施之于眉，遂别开生面，尤

▷
黄眉墨妆复原。模特：杨述敏；化妆造型：李依洋、张晓妍；摄影：文华（泰岩摄影）

其在北周时最为流行。《隋书·五行志上》载："后周大象元年……朝士不得佩绶，妇人墨妆黄眉。"唐宇文氏《妆台记》中也载："后周静帝，令宫人黄眉墨妆。"可见黄眉必与墨妆相配，也是有色彩的点缀。

妆眉的黄黛无法使用姜黄，因姜黄呈色透明，没有遮盖力，而染眉则需有一定遮盖力的物质。黄黛究竟是何物，文献中并没有明确的答案，但从唐王涯《宫词》"内里松香满殿开，四行阶下暖氤氲。春深欲取黄金粉，绕树宫女着绛裙"以及温庭筠"扑蕊添黄子"等诗词看来，或许黄粉就是松树的花粉。松树花粉色黄且清香，并有一定遮盖力，确实宜作黄黛。

至于"墨妆"造型，文献中没有具体的描述，但据明张萱《疑耀》卷三中所载："周静帝时，禁天下妇人不得用粉黛，今宫人皆黄眉黑妆。黑妆即黛，今妇人以杉木灰研末抹额，即其制也。"可知明时的黑妆是以杉木灰研成的黑末抹额。至辽代，女性妆容上已不满足于仅染黄眉，甚至将整个面部都涂黄，观之如金佛之面，谓之"佛妆"。

在发型上，自魏晋南北朝始，汉代女子的垂髻不再流行，巍峨的高髻开始独领风骚。曹子建笔下那位"翩若惊鸿，婉若游龙"的洛神，便是"云髻峨峨"。北周诗人庾信在《春赋》中曾云："钗朵多而讶重，髻鬟高而畏风。"意思是说，头上钗朵之多使人觉得沉重，而发髻之高则

十六国时期绘面靥与花钿的女乐伎俑。西安博物院藏

使人担心会被风吹倒。

高髻之所以会在此时广为流行，可能也与佛教在中原广泛传播，人们自觉地模仿佛陀的发型有关。根据传说，佛陀是作为迦毗罗卫国的太子降诞的，他出生不久后，在雪山苦修的老圣者阿私陀即预言这初生童子若出家则为佛，若在家则为"转世轮王"，他指出了这婴儿身上已显露的佛之体相——高高的肉髻。长大成人后，佛陀为了戴王冠而绾起头发，所以成佛得道后，这种高髻发型一直未有改变。根据这些传说，古希腊人在统治印度西北犍陀罗地区时，雕造了自己想象中的佛陀形象，其服饰、发型完全遵循印度的风俗习惯，发型是高髻式的。这种犍陀罗艺术的佛陀造像，通过丝绸之路，随着佛教的东传至西域而被接受。于是佛陀的高发髻形象随佛教雕刻、绘画艺术得以广泛传播。善男信女把对佛陀的崇拜化作对自我修行解脱的朦胧幻想，认为模仿佛陀的举止行为、姿势外貌，会令自己更快地修得正果，便自然有了对高髻的模仿。

盛行于魏晋南北朝的"螺髻""飞天髻"都明显是受到佛陀与飞天发髻的影响。"螺髻"，就是佛头顶之髻，因像螺壳一样盘旋而得名。白居易在《绣阿弥陀佛赞》中写"金身螺髻，玉毫绀目"。传说佛发多作绀青色，长一丈二，向右盘旋成螺形。我们在麦积山塑像、巩县石窟中的北魏和北齐石刻宫廷妇女头上及《北齐校书图》女侍中都可见到各式螺髻的梳法。"飞天髻"始于南朝宋文帝时，初为宫娥所梳，后遍及民间。《宋书·五行志一》中载："宋文帝元嘉六年，民间妇人结发者，三分发，抽其鬟直向上，谓之'飞天髻'。始自东府，流被民庶。"因酷似佛教壁画中的飞天形象，故名。

在首饰上，佛教的影响也无处不在。随着时代发展，北魏、北齐时代的花钿渐同莲花结合在一起，发展成由数枚莲钿组成的莲花冠，一瓣即是一钿。这大约是因为佛教在北朝盛行，而莲花被视为众花中最胜之物。1981 年在内蒙古包头市达尔罕茂明安联合旗（简称"达茂旗"，今属包头市）西南西河子出土的一件"五兵佩"，金链以金丝编结而成，链上附缀有五枚小兵器模型和两枚小梳子模型。在实际使用时，金链端头两枚龙首相对以联结，有浓郁的中西亚风格。同时期佛教造像的颈上，也常见一种端头为兽首相对的璎珞装饰。据此推想，大约在西晋十六国时期，因佛教的传入，这种链饰才在中土流行开来。上面兵器形的坠饰与小乘佛教的护法之物类似，只是当时中土佛教尚未大盛，工匠不了解相关的佛教知识，仿制璎珞时采用了中土时兴的兵器式样做装饰。

北魏《齐民要术》：最早介绍古方妆品配方的典籍

论及记载古方妆品的古籍，制作配方、工艺流程、妆品门类介绍得最为详细且出版时间最早的，非《齐民要术》莫属。《齐民要术》大约成书于北魏末年（公元 533 年—公元 544 年），是北魏时期杰出农学家贾思勰所著的一部综合性农学著作，是中国现存最早的、最完整的大型农业百科全书。该书内容广泛，用贾思勰自己的话来说，叫作"起自耕农，终于醯醢，资生之业，靡不毕书"。因为古方妆品的原料大多为动植物类农产品，故其在第五卷中讲述染料作物时专门介绍了红蓝花的种植，并附带有"作燕脂法""合香泽法""合面脂法""合手药法""作紫粉法""作米粉法"和"作香粉法"，为我们考察中国早期的化妆品制作提供了非常详尽的资料。其中制作步骤的讲述远比诸多的古代医书细致得多，为古方妆品复原提供了重要的文献参考。由此我们也可以看出，

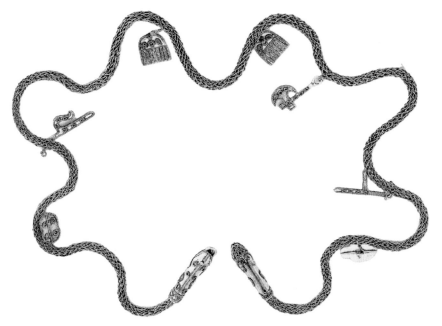

1　2

　3

1　北齐杨子华《北齐校书图》中的双螺髻侍女。美国波
士顿美术馆藏

2　北魏《文昭皇后礼佛图》中头戴莲钿宝冠的北魏皇后，
原位于龙门石窟宾阳中洞东壁。美国纳尔逊艺术博物馆藏

3　出土于今内蒙古自治区包头市达茂旗西河子窖藏的五
兵佩。内蒙古自治区博物馆藏（张景明 . 中国北方草原古
代金银器 [M]. 北京：文物出版社，2005.）

魏晋时期，化妆品的制作已经非常成熟，化妆的普及率自然也不会很低，也难怪贵游子弟"无不熏衣剃面，傅粉施朱"了。

顾恺之《女史箴图》中的贵族女子，头戴金步摇，额间饰花钿，蛾眉轻描。大英博物馆藏

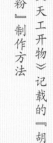

《天工开物》记载的『胡粉』制作方法

凡造胡粉（即铅粉）……每扫下（铅）霜一斤，入豆粉二两，蛤粉四两，水内搅匀，澄去清水。用细灰按成沟，纸隔数层，置粉于上。将干，截成瓦定形，或如垒块，待干收起。此物古因辰、韶诸郡专造，故曰韶粉。……其质入丹青，则白不减。擦妇人颊，能使本色转青。

1. 准备三种主要原料：铅霜、豆粉和蛤粉，其中豆粉和蛤粉均有削弱铅粉毒性的作用；

2. 将三种粉捣匀；

3. 调入基础油混匀制成粉底膏。经试验，油性铅粉膏比《本草纲目》"制胡粉法"中的水性铅粉块涂抹起来更易涂匀。

《齐民要术》记载的『紫粉』制作方法

作紫粉法，用白米英粉三分，胡粉一分，和合均调。取落葵子熟蒸，生布绞汁，和粉日曝令干。若色浅者，更蒸取汁。重染如前法。

1. 准备落葵子，蒸熟，绞出紫色汁液；

2. 在落葵子汁液中加入米粉与铅粉，米粉与铅粉比例为一比三；

3. 晾晒，得紫粉。

第三章

鼎盛

初唐：从简约保守转向华丽绽放

盛唐：贵妃的红妆时代

中唐：时世险妆束

晚唐、五代：

西州狂花与素雅汉妆的两极分化

经过了魏晋南北朝各路文化的交流和思想解放的积淀，到了大唐王朝，中国古代妆容迎来了全盛时期。*本章作者：陈诗宇，综述增补及晚唐观点校订：李芽

中国历史发展到隋唐，各民族政权三百余年割据、混战的局面终于结束，建立了疆域空前辽阔的统一多民族国家，众多的北方游牧民族进入中华民族大家庭。"胡人"开始"汉化"，北方的汉人也在一定程度上"胡化"。唐代是中国封建文明的鼎盛时期，不仅南北统一、疆域辽阔，而且政治稳定、经济发达、文教昌盛。因此统治者信心很强，采取了开放国门的政策，对外交流非常频繁。唐代都城长安不仅君临全国，而且是当时亚洲的经济文化中心。唐与世界许多国家均亲密往来，互通有无，一派"九天阊阖开宫殿，万国衣冠拜冕旒"的盛世景象，这为唐带来了多元的文化与雄健豪放的时代精神。在思想领域，唐代儒、道、佛三家兼容并包，儒家思想和儒家礼教没有成为统治思想和绝对权威，因而礼教观念相对淡漠，对妇女各方面都比较宽松，这一切都促使妆容文化有了更新的发展，并达到了中国古代妆容史上绚丽与雍容的顶峰。

唐代的妆容造型，最鲜明的特点是胡风浓郁，和传统汉文化所推崇的"清水出芙蓉"式的淡妆审美有很大不同。唐代女性不仅偏爱浓妆、眉心靠拢，而且同时佩画多种面饰。从大量敦煌壁画中的贵妇供养人面容来看，晚唐女性妆容甚至画得像斗彩大花瓶一般浓艳而琐碎，这和汉代建立起来的"简约素朴""恭敬曲从"的克制化修饰的妆容审美规范大相径庭。这种现象的出现和李唐王朝的胡人血统有很大关系。《朱子语类》里说"唐源流于夷狄"，隋唐统治者，都发迹于关陇军事贵族集团，本身就有着胡族血统，胡文化的基因深深地刻在其骨血之中。游牧民族常年生活于草原、雪山与大漠之间，环境色彩单调，因此偏爱色彩浓艳的服饰，既为满足心理与生理上对色彩的需求，也便于在旷野中远

距离辨识。而且胡人毛发浓重，眉心天生离得比较近，这也和汉民族偏爱眉心开阔的传统审美迥异。此外，游牧民族需要逐水草而居，时常迁徙，积累的财富除了随赶随走的牛羊，便是便于随身携带且又价值高昂的珠宝首饰。因此游牧民族在妆容服饰上天然喜爱高调，生活的需要也造就了他们审美上的外放与张扬。

大唐政治、经济、外交的成就，民族自信心的高涨，礼教观念的相对淡漠，再加上李唐王朝统治者的胡人血统，共同促成了唐代妆容文化的绚烂与奇诡。唐代不仅妆容造型多彩而另类，而且积极接纳"粉胸半掩疑晴雪"式的性感，钟情"D"形身材胖美人，呈现出一派迥异于中原汉族审美的盛唐之象。

我们对于古人的印象，往往停留在一成不变的脸谱式概念，但唐代流行文化变化的速度并不逊色于今日，三五年就是一个风潮。女性要么追随潮流，要么引领潮流。本章我们以唐代两位最重要的女性开篇，通过她们的经历，来了解唐代瞬息万变的妆容"流行史"。

初唐：从简约保守转向华丽绽放

　　论中国古代权势最大的女性，不可不提武则天。自入宫到退位，武则天历经初唐至盛唐，近七十年里，随着整体国力、经济、文化风气甚至气候等各种因素的改变，这一段时间的宫廷装束，不管是整体审美，还是妆面、发型、首饰、服装，都发生了巨大的变化，从质朴简约发展到华丽浓艳。作为一位最终登上帝国政坛顶端的女性，武则天对当世时尚也有强大的影响力。

从简约的旧朝遗韵开始

　　武则天生于武德七年（公元 624 年），贞观十一年（公元 637 年）十四岁时入宫，当了十二年才人，太宗去世后随没有子女的嫔妃们一起入感业寺为尼。贞观距唐代开国不远，女装风格与北朝后期、隋类似，崇尚纤细的身形，妆饰相对保守、简单，尚未形成夸张浓烈的风格。此时的宫中嫔妃，应该多妆面浅淡，略施粉黛，朴素而清秀，梳着高髻，身穿大袖襦衫，束着裙腰极高的长裙；而身份较一般的女性，则可能更多穿着窄袖衫子和间裙，发型以各种鬟髻为主。

　　正所谓"红衫窄裹小撷臂"，初唐女性上衣多为交领或圆领襦衫，日

▷
初唐"双螺髻、却月眉、梅花妆"复原。模特：张常宁；化妆造型：裴悦佳；摄影：华徐永

常一般穿着窄袖短衫子，裙腰位置也极高，甚至束至胸上腋下，几近领口。宫女、婢女在室外行走或劳作时，还会在腰胯部束带，将裙摆收高以便于行事。普通发型仍有浓郁的隋风，鬓发收拢服帖，头顶则以低矮的层叠盘绕型发髻为主，或盘绕成单髻，或带鬟双髻。面妆多是浅淡的白妆，眉形也或纤细或短小，唇色淡雅、唇形小巧，整体呈现收敛、含蓄的状态。反映贞观十五年（公元641年）唐太宗接见吐蕃使臣故事的《步辇图》中，宫人正是如此打扮。

高髻之风已经出现。宫中贵妇喜好挽发后收拢至脑后，再自下翻转而上成髻，或即文献所称的"唐武德中，宫中梳半翻髻"。这种高髻出现之后，很快自上而下流行至民间。贞观八年（公元634年），唐太宗征调数万民夫修建洛阳宫，直言敢谏的中牟县丞皇甫德参上书坚决反对，还特别提到一句"俗好高髻，盖宫中所化"，说民间风行高髻，就是因为宫里嫔妃们所起的不良带头作用。太宗听后勃然大怒，认为皇甫德参的指责完全是毁谤，耍性子说："难道要我大唐宫中嫔妃都没有头发，你才满意吗？"（此人欲使宫人无发，乃称其意！）后来在魏征的劝谏下，太宗平息怒火，还对皇甫德参进行了赏赐。

虽然被批评了，高髻之风却丝毫没有受到影响。这种发型一直延续到盛唐以后，成为唐代女性发型中地位较高的一种，初盛唐壁画、陶俑中的仕女为首者往往都头梳高大发髻，有如刀形，我们现在也将其称为"刀髻"或"单刀半翻髻"。这在贞观时期京畿一代的墓葬壁画、陶俑中非常常见，比如贞观十四年（公元640年）礼泉昭陵杨温墓里的侍女，前四位便头梳高髻。还有贞观十三年（公元639年）的段元哲墓、贞观十四年（公元640年）郑乹意夫妇墓、贞观十七年（公元643年）的昭陵长乐公主墓、贞观二十一年（公元647年）的昭陵李思摩墓中，也可

○

《步辇图》中妆面浅淡、"红衫窄裹小撷臂"的初唐宫女。
故宫博物院藏

▷1　2

1　陕西省咸阳市礼泉昭陵杨温墓壁画中梳高髻、穿窄袖
高腰裙的仕女（昭陵博物馆 . 昭陵唐墓壁画 [M]. 北京：文
物出版社，2006.）
2　陕西省咸阳市礼泉昭陵长乐公主墓《四女侍图》，左侧
两位梳的是半翻髻（昭陵博物馆 . 昭陵唐墓壁画 [M]. 北京：
文物出版社，2006.）

以看到类似发型。高髻可以说是唐代相当具有代表性的一种发型。

在首饰、妆面的流行上，唐代整体呈现由简及繁，组合数量由少至多的大趋势。初唐的妆面和首饰相当简单。几乎看不到太夸张繁复的妆面，多柳叶细眉，浅施薄粉，轻点朱唇，少有首饰。早期首饰以小尺寸的简单的簪、钗为主。简单的直簪、扁簪可供基本的固髻使用，常见的插法为一支横簪插于发髻底座。花头簪仅见于少数几例宫廷贵妇，插戴数目一般也仅为一两对，比如湖北安陆王子山贞观时期的唐吴王妃杨氏墓中出土的两件金簪，以花丝做出两朵簪首，其中一支簪首为五瓣花形外框，框内用金丝掐出缠枝花卉鹦鹉纹，应是当时的少数宫廷样式。

钗式也非常简约，多见钗脚较短、股距略宽的小折股钗，长度仅有数寸。如西安隋大业四年（公元608年）李静训墓出土的三件白玉钗，一大二小，钗梁内直外弧，钗股长仅七八厘米，出土时位于墓主头顶。由于插戴后钗首露出部分有限，有时仅在钗梁部分使用较贵重的材质，安装在其他金属材质制成的钗股上。初唐壁画、陶俑里的仕女，发型不论是盘发的高髻还是普通小髻，仔细分辨都常可在发髻基座看到微微露出一段U形钗首，通常左右对插以固定发髻，如陕西礼泉昭陵杨温墓、段蕑璧墓的壁画所描绘。少女所梳的双鬟髻上也会各插一支折股钗，如湖北武汉岳家嘴隋墓陶俑插戴的样子。

步入开放的高宗朝

唐高宗永徽二年（公元651年），武则天再度入宫，之后被封为二品昭仪，开始一步步确立自己在宫中的地位，登上皇后之位。这时唐代

1 2

1　出土于陕西省咸阳市礼泉昭陵的女立俑，梳单刀半翻
髻，广眉红唇，着披帛（李炳武．大唐歌飞的千年传奇：
昭陵博物馆 [M]．西安：西安出版社，2018）

2　出土于陕西省咸阳市礼泉昭陵郑仁泰墓的彩绘釉陶男
装女立俑，妆型为阔眉黑䰂（李炳武．大唐歌飞的千年传
奇：昭陵博物馆 [M]．西安：西安出版社，2018.）

陕西省咸阳市礼泉昭陵韦贵妃墓《舞蹈女伎图》，图中人物梳有夸张的鬟髻，脸上饰有额花与黑色面靥（昭陵博物馆．昭陵唐墓壁画 [M]. 北京：文物出版社，2006.）

女性形象的风格也开始悄然变化，崇尚的身形从纤细瘦弱转为更加挺拔，风气渐开放，妆面也往复杂化发展。

　　初唐位置极高的裙腰此时开始略往下移至胸，露乳的程度增大，但依然紧束，下摆宽阔。上衣的袖口和衣缘有时装饰一条较宽的花锦边。对于唐代前期这种紧束胸腰的细腰审美倾向，初唐诗文中也常有描绘，如僧人法宣《和赵王观妓》中的"城中画广黛，宫里束纤腰"和刘希夷《公子行》的"愿作轻罗着细腰"。

　　发髻的种类和形态变得更为丰富，除了更加饱满高大的半翻髻外，各种各样的鬟髻也大为流行，小者如指，大者如拳，长者似角；还有的余发不回绕成环，随意垂下。宫廷贵妇有更加夸张的鬟髻，环径加倍扩大，成为醒目的左右两大鬟，也是舞女的常用表演发型。首饰大多依然在髻鬟的基部用钗固定，或在半翻髻侧插簪一二。珍珠宝石项链、臂钏

1 2
　3

1　陕西省咸阳市礼泉昭陵燕妃墓《弹琵琶女伎图》，画中
人物梳有夸张的鬟髻（昭陵博物馆. 昭陵唐墓壁画 [M]. 北
京：文物出版社 ,2006.）
2　陕西省西安市长安区执失奉节墓壁画中的舞女，描斜
红、花钿（中国历史博物馆. 中国历史博物馆：华夏文明史
图鉴 [M]. 北京：朝华出版社 ,2002.）
3　出土于陕西省咸阳市长武县枣元镇郭村的女舞俑，着
低胸装，梳鬟髻。陕西历史博物馆藏，摄影：渊渟岳立

也见诸使用。

此时，在唇两侧点假靥、眉心画花钿、面颊两侧画月牙形斜红的华丽妆面越发常见，成为唐代最具代表性的妆容。高宗显庆三年（公元658年）的执失奉节墓壁画虽然着色草率，但也一一为仕女、舞女在两鬓太阳穴前用大红色绘出一道斜红，额上眉心也点以红饰。

眉形开始往粗阔发展，愈加浓妆重彩。乾封二年（公元667年）的昭陵韦贵妃墓壁画描绘了完整的妆面，不管是乐舞伎、侍女还是墓主韦贵妃本人，画像大多绘出了斜红、腮红以及唇两侧的黑点"假靥"，额头上还有扇面形或花草形的花饰。从图像上看，这一时期黑色面靥是女性竞相追逐的时尚，连韦贵妃本人也不例外，这在其他时代并不多见。

武周：盛妆华丽绽放

唐高宗上元元年（公元674年），高宗称天皇，武则天称天后，政事皆由武后处理。天授元年（公元690年），武则天正式称帝，改国号为"周"，直至神龙元年（公元705年）被迫退位。武则天对有政治象征意味的服装进行了各种创新和改革，几次赏赐高级官员、诸卫将军华丽的绣袍、铭文袍，以猛禽、兽类象征文武官员。同时，随着女性政治地位的大幅提高，日常女装的风格也有很大的转变。这一时期可算是唐代女性形象最从容自信、丰满匀称、曲线优美的一段时间，同时着装风气也最为开放和暴露，首饰、妆饰也逐步走向华丽。在一个女性当权的时代，这是合乎情理的转变。

最引人注目的是对于展露身材的自信。"粉胸半掩疑晴雪"，女性祖

▷
武周时期妆容复原：着花钿、斜红、面靥、吊梢眉、义髻。模特：杨述敏；化妆造型：裴悦佳；摄影：华徐永

○1 2

1 初唐彩绘女立俑，着低胸装，高髻月眉。美国大都会艺术博物馆藏
2 初唐彩绘宫装伎乐女俑，着低胸装，半翻髻。美国大都会艺术博物馆藏

▷

陕西省咸阳市唐懿德太子墓壁画中的侍女，发式呈高耸之势，有单螺髻、双螺髻、半翻髻等，身材尚无丰肥之态，领口开得较低，但妆容首饰整体比较朴素，应为宫中身份较低的侍女形象（申秦雁.懿德太子墓壁画[M].北京：文物出版社，2002.）

露丰满胸部的程度大大增加，甚至在今日看来都略显夸张。裙装惯用红、绿等浓艳强烈的颜色，武则天本人便有名句"开箱验取石榴裙"。上层社会女性衣料越发铺张奢侈，在衣缘用锦料的做法越来越多，甚至整件短袖、裆子均用富丽堂皇的大花锦绣制作。

发型愈加蓬松，尤其两鬓隆起为"云鬓"状，不再是初唐收拢服帖的状态。在云鬓的基础上，单刀半翻髻和双刀半翻髻依然流行，作为身份地位较高者常用的发型，并且发展出可戴的义髻，贴有华丽的钿饰，如吐鲁番阿斯塔那出土的一具以薄木制成的假髻，上面绘满了各种云形饰和花草形饰。另外，双瓣鬟髻与单瓣鬟髻一起，成为武周时代最流行的发髻，其形态也逐渐由小变大，在武周末年发展成为饱满圆润的大髻，也出现了作为替代品的同形义髻，以簪钗、系带固定。

武周期间，女子妆面更加浓艳华丽。横扫粗眉，胭脂腮红的面积从

眉下一直扩大到脸侧，额上花钿的造型除了简单的扇面形，还晕染出各种花朵、卷草、卷云等复杂花样，两侧斜红不再只是一道红晕，也会绘成复杂的花样。最具代表性的例子是从吐鲁番阿斯塔那永昌元年（公元689年）张雄夫人墓中出土的一批彩绘着衣俑，所绘面妆花样各不相同，精致非常。张雄夫人下葬时的随葬品是其子张怀寂特地准备的，张怀寂九岁随高昌王入京，在长安接受教育成长，深受都城文化影响，这批木俑很大程度上也反映了当时长安女性的妆容特色。当时的武则天，妆面大体也应该是这样华丽。

除了普通的簪钗，首饰也有了更加装饰化的发展，步摇、凤饰成为主流。上翘翻卷的云头形、花朵形、卷草形簪钗开始大量出现，其下连缀一挂或者一排挂饰的步摇簪。陕西礼泉乾陵永泰公主墓、懿德太子墓、章怀太子墓石椁线刻中所描绘的仕女，不少都在发髻一侧插戴一支步摇

○1 2

1—2　出土于新疆维吾尔自治区吐鲁番市阿斯塔那唐永
昌元年（公元689年）张雄夫妇墓的彩绘泥头木身俑，脸
上绘有面靥、花钿与斜红，脸饰桃花妆。新疆维吾尔自治
区博物馆藏

▷

出土于新疆维吾尔自治区吐鲁番市阿斯塔那唐长安三年
（公元703年）张礼臣墓的乐舞屏风，上绘有画花钿、阔
眉、桃花妆，梳单螺髻的女子画像。新疆维吾尔自治区博
物馆藏

簪，簪首或作卷云忍冬花型，或作朵花型，或作凤鸟；垂饰或一枚，或
一挂，或成排，样式丰富。还有在头顶簪戴大型立体凤鸟头饰的情况。
陕西西安韦氏墓石椁椁门上的仕女线刻，头冠外形模拟男冠，冠顶正中
也立有一只正面展翅的凤鸟，口衔垂珠串，旁插步摇簪，此搭配或为武
周前后女性当政时所创的新制，昙花一现。

　　武则天退位之后，女性——包括她的女儿太平公主、儿媳韦后——
依然活跃在权势的巅峰，直至玄宗即位。华丽的武周风一直持续到了开
元初年（公元713年），而以丰腴为美、衣着宽松、大红妆面的风尚，则
是杨贵妃登场之后的后话了。

盛唐：贵妃的红妆时代

　　如果要选一位中国古代的美人代表，杨贵妃可能是呼声最高的候选人之一。作为四大美人之一，她与玄宗的浪漫传奇被反复传唱，贵妃轶事以及对其样貌的文字记载以及相关的绘画作品、戏曲、戏剧舞台表现屡见不鲜。千百年来，文人墨客和百姓无不好奇贵妃的美貌和妆容，不少笔记小说也将一些妆发名目归于其名下。

　　贵妃时代真实的妆饰风尚如何？如果只从后世文本描述推测，可能无法得到真实结果。审美一直在变化，判断基准也在变化。也许当时人认为适中的"纤秾有度"和美艳的"美人红妆"，在后世看来却是程度过于夸张。当然，我们现在无法看到杨贵妃的"真实照片"，具体的面貌难以还原，不过半个多世纪以来大规模的考古发掘，尤其是数以百计的玄宗时代贵族墓葬中出土的写实陶俑、壁画、绢画，已经让我们可以很科学地归纳出开元、天宝这几十年间，从长安京畿到西域、东北广大区域贵妇人的身材、妆发审美倾向和变化。其中不乏杨贵妃在宫中期间的宫廷绘画作品，大体可供参照与想象。

　　开元、天宝几乎是唐代流行变迁最快速的阶段，甚至密集到了三五年便有一变的程度。这次我们就借杨玉环的一生，来看看盛唐开元、天宝时代几十年间，贵妇们从淡雅素净到红妆浓烈的妆饰变迁。

▷

盛唐女子妆容复原：花钿、面靥、桃花妆、涵烟眉。模特：胡晓瑞；化妆造型：裴悦佳；摄影：华徐永

开元初：新君即位后的简朴收敛

神龙革命，武则天退位，但"武周风格"延续了十几年，直到玄宗即位后的开元初期才变为朴素收敛的风格。这与登基之初励精图治、躬行节俭的玄宗有很大关系。

刚当上皇帝的唐玄宗希望一改朝野追求奢靡华丽之旧弊，即位以后连下了几道诏敕，严厉禁断对奢靡的珠玉锦绣的追逐，亲自带头将皇家所藏金银熔铸为铤，将珠玉锦绣焚毁于殿前，令"宫掖之内后妃以下，皆服汗濯之衣，永除珠翠之饰"（《全唐文》），甚至下令妇女们要把之前的锦绣衣物染黑，不准织造华丽面料，各地官营织锦坊也停废。

在这种大风气的引导下，妇女妆饰也一改武周末期的华丽倾向，复杂的额黄花钿、斜红、假鬓组合以及发髻上插戴的步摇簪钗、花钿至少在京城中被禁绝。杨玉环生于开元七年（公元 719 年），幼年在蜀地度过，少女时的杨玉环所见女性妆饰，可能大体上还是简洁利落的模样。

从当时的墓葬壁画、线刻、陶俑来看，开元初期女性的衣饰、头饰较朴素简单，没有浓烈复杂的妆面，风格相对清新淡雅，不尚红妆花饰，眉形纤细修长；鬓发相对服帖，偶见高髻，更多则是拢聚于头顶的一小髻。比如陕西西安开元四年（公元 716 年）杨执一夫人独孤氏墓门刻画的仕女，头顶挽一前探小髻，鬓发后拢，无一珠翠簪钗首饰，面无花钿、眉形细长。又如陕西礼泉昭陵开元九年（公元 721 年）契苾夫人墓壁画的仕女，同样是简单无饰的发型，妆面仅仅略施浅朱，眉形也相对细长柔美，不再是武周时代英武的粗阔眉。不过也有个别例外，比如山西万荣同样是开元九年的薛儆墓石椁线刻，就描绘了若干额绘花钿、鬓贴花饰的贵妇。或许是京畿之外部分地区禁令松弛的关系。

▷
出土于新疆维吾尔自治区吐鲁番市阿斯塔那墓的《树下美人图》，画中妆容为开元样式，点花钿、斜红，着飞霞妆。印度新德里国立博物馆藏

出土于陕西省西安市唐金乡县主墓的骑马女俑（西安市文物保护考古所，王自力，孙福喜．唐金乡县主墓 [M]. 北京：文物出版社，2002.）

在玄宗以及一批良臣的治理下，大唐步入辉煌的开元盛世。当然，"永除珠翠之饰"是不可能的，很快，妆饰之风就在宫中卷土重来了。

初入两京：精致"开元样"形成

开元十七年（公元 729 年），十岁的杨玉环因父亲去世来到洛阳，寄住在三叔杨玄珪家。开元二十二年（公元 734 年）七月，咸宜公主在洛阳举行婚礼，杨玉环也应邀参加。公主胞弟寿王李瑁对杨玉环一见钟情，在李瑁生母武惠妃的请求下，唐玄宗当年就下诏册立杨玉环为寿王妃。此时尚处于李隆基治下的第二个十年，长安、洛阳的流行风尚与妆饰，已经完全脱离了武周遗风和开元初年提倡的简朴感，形成了新的"开元模式"，往夸张和精致化发展。

首先是发型，当时最具符号性的改变，就是隆起的半圈鬓发越发蓬松，头顶小髻前移低垂，成为最流行的发型传遍全国，同款垂髻甚至在新疆吐鲁番市阿斯塔那的出土文物上都可见到，有时也裹以巾布。若对比同一个年份的各地出土资料，明显能发现，在长安一带的贵族中率先发生了这些改变。比如开元十二年（公元 724 年）的惠庄太子墓、金乡县主墓、开元十五年（公元 727 年）的虢王李邕墓，均已呈现典型的开元样式。

妆面色调大体维持淡雅的风格，以白妆和浅淡的薄红胭脂为主。白妆即面施白粉，是素雅的淡妆，《中华古今注》说梁武帝时宫人"作白妆青黛眉"，又说杨贵妃曾作"白妆黑眉"。虽然后人附会不一定精准，但从开元中期的壁画来看，确实可以看到面无朱色、描绘黛眉的贵妇形象。同时也有在脸颊施涂浅淡红晕的例子，这种浅淡红晕可能即"桃花妆""飞霞妆"。唐宇文氏的《妆台记》中说："美人妆面，既傅粉，复以胭脂调匀掌中，施之两颊，浓者为酒晕妆，浅者为桃花妆。薄薄施朱，

唐三彩陶仕女俑，人物为开元装束。美国大都会艺术博物馆藏

以粉罩之，为飞霞妆。"先在脸庞上匀敷一层白粉，再在手心匀开红色的胭脂水，涂抹在两颊上。程度最浓的被称为"酒晕妆"，就如喝醉酒泛起的满面红晕一般；浅淡若桃花的就叫"桃花妆"；如果在浅薄胭脂之上再罩一层白粉，白里隐隐透出朦胧的红影，就叫"飞霞妆"。

与此同时，精致华丽的妆饰也逐渐再度流行，女性脸上的花饰增多，典型的斜红、额黄、假靥等全套妆面重现。新疆阿斯塔那墓地出土的一幅开元中期仕女屏风画是典型的例证，从画中可以识别出九位仕女，有着弯弯细眉，脸上均描绘了两道斜红，额上花饰则各不相同。腮红大多以眼周浅淡的粉色晕开，可能是"桃花妆""飞霞妆"一类，少数为素净的白妆，可以视为开元样式的代表，精致柔美，既不似武周之艳丽，又未达天宝之浓烈。

身在洛阳的杨玉环所见的贵妇们大约如此：隆起的鬓发、低垂的小髻、精致柔美的妆容、缀有花饰的衣裙以及她们日渐丰满的身材。

入宫册妃：步入浓烈的红妆时代

开元二十二年（公元 734 年），杨玉环被册寿王妃。开元二十五年（公元 737 年），宠妃武惠妃在兴庆宫去世，玄宗郁郁寡欢。有人进言杨玉环"姿质天挺，宜充掖廷"，于是玄宗将其召入后宫。天宝四年（公元 745 年），玄宗把韦昭训的女儿册立为寿王妃后，将本是儿媳的杨玉环册为贵妃。由于未立皇后，此时杨贵妃地位就相当于皇后。

"靡不有初，鲜克有终"，登基已经二三十年，承平日久，天下安定，玄宗觉得功成治定，也早忘了当初躬亲节俭的信誓旦旦。名相宋璟去世

后，玄宗又将国事交予李林甫、杨国忠办理，逐渐奢侈无度，穷天下之欲不足为其乐，与杨贵妃在宫中过着鲜花着锦的享乐生活。

或是因为李隆基、武惠妃、杨贵妃等上层的个人喜好转变，或是因为太平盛世富足安逸的经济基础、强盛国力，当时的社会开始崇尚富丽奢靡，贵妇们的身材越发丰腴，审美越发浓烈夸张，逐步迈入"红妆时代"。此时宫廷贵妇的发髻更加宽松，脑后拖垂巨大的发包，收拢聚于顶束成前翘的小髻一二，形成了我们所说"天宝样"的标志性发型。贵妇们装饰花钿，衣着宽松，宽大的长裙束于胸上，下摆拖地，纹样花团锦簇。

妆饰上也有一些大胆的改变。最引人注目的是"红妆"，在脸颊大面积涂抹浓重的胭脂，范围甚至从眉下一直蔓延到耳窝、脸角，全脸只剩下额头、鼻梁和下巴露白，相当夸张。这一点，在武惠妃陵墓中的彩绘线刻和壁画、陶俑中就已经有所体现。壁画中的宫人，不少都在脸上施涂大面积胭脂。两京地区发现的大量宫廷、贵族墓葬，如陕西蒲城天宝元年（公元742年）让皇帝惠陵李宪墓等，所出壁画、陶俑里的仕女，妆面基本都以红妆为主，额间描绘各种鹅黄花钿，配合丰满的脸形，很有视觉冲击力。不只关中京畿，此风还远远波及各地，比如新疆吐鲁番阿斯塔那天宝三年（公元744年）安西都护府张氏墓所出屏风绢画，也和长安的流行风尚高度一致，不仅贵妇，连身旁的婢女也都尽数做此大红妆。李白诗中有一句"妇女马上笑，颜如赪玉盘"，"赪玉盘"即赤红圆玉盘，用其形容当时贵妇们涂抹了赤红胭脂的圆润脸庞，可以说是相当形象了。

不独盛唐，在面颊施以红粉胭脂，自古以来都是重要的妆饰方法。古时曾用朱砂、茜草类染料制作妆粉，汉以后，来自红蓝花汁的鲜艳胭

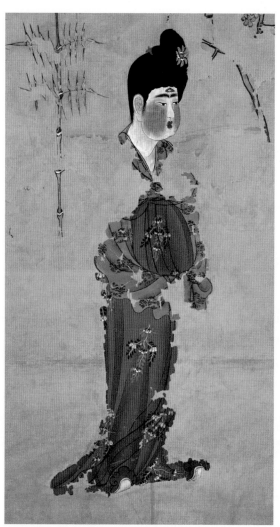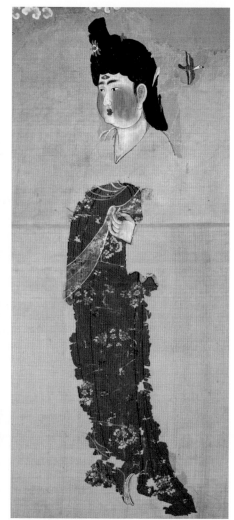

1—2 出土于新疆维吾尔自治区吐鲁番市阿斯塔那
的天宝年间仕女图屏，仕女脸上画有大面积的酒晕妆，
画拂云眉，额前贴花钿。新疆维吾尔自治区博物馆藏
○
出土于新疆维吾尔自治区吐鲁番市阿斯塔那一八七号
墓的天宝年间《弈棋仕女图》，图中仕女脸上画有大面
积的酒晕妆，画拂云眉，额前贴花钿。新疆维吾尔自
治区博物馆藏

脂成为最主要的红色化妆品，涂抹时蘸少量清水即可敷面，也可制成红
粉施涂。历代红妆浓淡深浅不同，盛唐时代的这种大面积红妆，可能是
最浓烈的一种。

　　有关唐代妇女饰红妆的描绘有很多，比如李白《浣纱石上云》"玉
面耶溪女，青蛾红粉妆"、岑参《敦煌太守后庭歌》"美人红妆色正鲜"。
五代王仁裕《开元天宝遗事》称"贵妃每至夏月，常衣轻绡，使侍儿交
扇鼓风，犹不解其热。每有汗出，红腻而多香，或拭之于巾帕之上，其
色如桃红也"，说杨贵妃因为涂抹了红粉，连汗水都染成了红色。王建
《宫词》有一句"归到院中重洗面，金花盆里泼红泥"，宫女洗脸后盆中
水如红泥一般，可能是真实的写照。

　　除了浓艳的红妆，还有一种妆容是在红妆打底的基础之上，再以白
粉点颊，如泪珠四溅一般，称为"泪妆"，多见于宫掖之中。《开元天宝

出土于宁夏银川市贺兰县宏佛塔的西夏彩绘泥塑佛头，佛像下眼睑有黑色"泪痕"。此地出土的很多此类佛头眼下都有"泪痕"，一说系高温下眼珠釉料融化流出所致，但笔者认为或有主观成分，故在此作为"泪妆"的一种诠释方式。宁夏回族自治区博物馆藏

盛唐妆容复原：花钿、面靥、桃花妆、涵烟眉。
模特：胡晓瑞；化妆造型：裴悦佳；摄影：华徐永

遗事》载："宫中嫔妃辈，施素粉于两颊，相号为泪妆，识者以为不详，后有禄山之乱。"

不得不提的还有眉妆。开放浪漫、博采众长的盛世大唐，造型各异的眉形纷纷涌现，且各个时期都有其独特的时世妆，堪称中国历史乃至世界历史上眉妆造型最为丰富的时代。

唐代妇女的画眉样式，比起从前略显宽粗。尽管也有长蛾眉，但蚕蛾触须般的纤细蛾眉已不多见，当时的眉形大多比较浓阔，配合盛唐贵妇圆润的脸形才显得比较饱满。唐代眉妆的繁盛，与强大的国力和统治者的重视是分不开的。唯其国力强盛，广受尊重崇尚，才能展现出充分自信、自重、开放和包容各种外来文化的大家气度，从而增添本身的魅力。统治者的重视，也为妇女妆饰资料提供了记录、结集和传世的机会。唐张泌《妆楼记》中载："明皇幸蜀，令画工作十眉图，横云、却月皆其名。"明代杨慎的《丹铅续录》中还详细记录了这十眉的名称："一曰鸳鸯眉，又名八字眉；二曰小山眉，又名远山眉；三曰五岳眉；四曰三峰眉；五曰垂珠眉；六曰月棱眉，又名却月眉；七曰分梢眉；八曰涵烟眉；九曰拂云眉，又名横烟眉；十曰倒晕眉。"事实上，不用说唐代，仅玄宗在位之时，各领风骚的也远远不止十眉。

在唐朝，大量名贵化妆品的进口已成为可能，其中最为名贵的当属"螺子黛"，其在汉魏时可能便已有之，但在隋唐时代才有明文记载。唐颜师古在《隋遗录》中载道："由是殿脚女争效为长蛾眉，司宫吏日给螺子黛五斛，号为蛾绿。螺子黛出波斯国，每颗直十金。后征赋不足，杂以铜黛给之，独绛仙得赐螺子黛不绝。"隋炀帝好色，又极爱眉妆，为了给宫人画眉，他不惜加重征赋，从波斯进口大量螺子黛，赐给宫人画眉。唐冯艺的《南部烟花记》中也有相同的记载："炀帝宫中争画长蛾，

▷ 唐代眉形复原图

蛾眉

剑眉

三峰眉

远山眉

五岳眉

分梢眉

吊梢眉

却月眉

涵烟眉

垂珠眉

八字眉

桂叶眉

长珠眉

司宫吏日给螺子黛五斛，出波斯国。"据此可知，螺子黛的消费，在隋大业时代每颗已值十金，其名贵实属惊人！而昂贵的螺子黛，亦使"螺黛""螺"成为眉毛的美称。欧阳修《阮郎归》中有"青螺深画眉"，孙花翁《送女冠还俗》中也有"重调螺黛为眉浅，再试弓鞋举步迟"。

据研究，螺子黛的主要原料应该是一种骨螺的分泌物。这种染料主要提取自栖息于地中海和大西洋沿岸的环带骨螺。这种贝类的鳃下腺可以分泌一种黏液，不溶于水，其主要化学成分是二溴基靛蓝，色泽鲜艳，牢度好，刚被提取出来时呈紫蓝色，但只要在太阳下面晒几分钟，就会变成靛蓝色，因此这种螺类染料在古代文献中也经常被称为"indigo"（即靛蓝，也可翻译成青黛）。从另一种类似的染色骨螺中可以提炼出一种非常漂亮的紫红色染料，称为泰尔紫。古代地中海沿岸的古希腊人、腓尼基人都把它们当成名贵的染料。根据吉冈幸雄的分析，古代地中海国家制作这种贝类染料，每提取一克染料需要消耗约两千个骨螺，制作成本极高[*]。更有甚者，如多米尼克·戈登（Dominique Cardon）认为，大约需要一万个骨螺才能获取一克高纯度的染料[*]。所以这种染料极其昂贵，是贵族身份的象征。据记载，用泰尔紫染色的深紫色丝绸的价格在某个时期曾是黄金价格的二十多倍[*]。因此，用这类染料制作的眉黛，"每颗值十金"，便也顺理成章了。

螺子黛价格高昂，自然不是一般人用得起的，唐代女子用得最多的还是植物染料青黛，正所谓"小头鞋履窄衣裳，青黛点眉眉细长。外人不见见应笑，天宝末年时世妆"（白居易《上阳白发人》）。青黛描的眉是黑中透出蓝绿色，徐凝《宫中曲》吟"一旦新妆批旧样，六宫争画黑烟眉"，从画黑眉的杨玉环得宠后，众人又开始争画黑眉。黑烟眉妆品是用人造墨丸制成的，其制法在宋代粲然完备。

* 吉冈幸雄·贝紫を求めて[M].大阪芸術大学芸術大学芸術研究所,1997.

* Dominique Cardon·佐々木紀子·帝王紫——古代の貝紫染[M].染織 α,2001.

* 郑巨欣、陆越·古代贝紫染色工艺的历史[J].装饰,2011.

▷
敦煌藏经洞《炽盛光佛并五星图》中的太白金星形象，上眼线长可入鬓。大英博物馆藏

　　中国古代女子重视画眉和涂胭脂，却鲜少修饰眼睛。文学作品歌咏
美目，也多赞颂其自然之美，如"巧笑倩兮，美目盼兮"（《诗经》）、"青
色直眉，美目娴只"（《大招》）、"两弯似蹙非蹙罥烟眉，一双似喜非喜
含情目"（《红楼梦》）等，均是含糊地歌咏双目的美丽与含情，而绝少
提到描画之事。唐代社会开放包容，且胡风浓郁，因此尽管并不注重眼
妆，但有时也可看出些勾画的痕迹，多是勾画上眼线，使眼睛显得细而
长，有的眼线甚至延长到鬓发处。大英博物馆所藏的唐代《炽盛光佛并
五星图》中的太白金星便是如此。

中唐：时世险妆束

　　唐代中期，头发、妆面、首饰、衣裙的流行风尚一改盛唐面貌，都开始往夸张宽大发展。浓妆高髻、大袖长裙之风盛行，形成了当时人所说的各种"险妆""时世妆"——"乌膏注唇唇似泥，双眉画作八字低"（唐白居易《时世妆·儆戎也》）、"以丹紫三四横约于目上下"（宋王谠《唐语林》）、"满头行小梳"（唐元稹《恨妆成》）。这些妆束，起先只是被士人视为怪诞而已，被认为是乱世之相，后来竟发展为朝堂之上的议题，被屡屡禁断但又难以断绝，越演越烈。

怪异时世妆层出不穷

　　到了中唐，发型、妆面开始往更加夸张化发展，怪异的妆容层出不穷，也就是文献中常提到的时世"险妆"，包括了八字啼眉、乌膏注唇、面涂赭色、血晕横道等。

　　"两头纤纤八字眉"（唐雍裕之《两头纤纤》），先于德宗贞元年间（公元785年—公元805年）的堕马髻和啼眉妆出现。发髻偏垂一侧的雏形在开元年间即已出现，但是在中唐演变得越发巨大夸张。画作八字悲啼状的眉毛，也代替了先前"青黛点眉眉细长"的弯弯细眉。白居易

《代书诗一百韵寄微之》中有"风流夸堕髻，时世斗啼眉"，诗后自注"贞元末，城中复为堕马髻、啼眉妆"说的就是当时堕髻啼眉的装扮。贞元前后的出土女俑，也呈现出发髻愈发巨大，偏垂一侧的样式，而底本大约创作于中唐贞元前的《宫乐图》，画中不少仕女便作八字啼眉妆。

在啼眉的基础上，著名的"元和时世妆"很快形成了，喜爱记录当时服饰细节的白居易在《时世妆·儆戒也》中详细地描绘了这种妆容："腮不施朱面无粉，乌膏注唇唇似泥。双眉画作八字低，妍媸黑白失本态，妆成尽似含悲啼。圆鬟无鬓堆髻样，斜红不晕赭面状。"剃去眉毛，重新画出八字啼眉；不施红粉，不上白妆，不晕斜红，却用赭红涂面；双唇还涂成泥一样的乌黑色。

所谓"赭面"，是吐蕃极具特色的一种面妆，文献中屡屡提及。《旧唐书》说文成公主进藏后"恶其人赭面"，感到不适，松赞干布一度下令禁止，但明显并未广泛长期执行。以往很长一段时期，人们并不知道赭面的描绘方式，近年来，在青海乌兰泉沟、都兰、郭里等地的吐蕃墓中，出土了大量人物壁画、棺版画，几乎所有人面上额、鼻、下巴、两颊等部分，都绘涂各种条状、点状、块状的赭红色，应即文献所说"赭面"，展现了各种画法。吐蕃即现在的西藏，从生活经验来讲，"赭面"也有可能是所谓的"高原红"，即长期生活在高原地带的人们由于紫外线照射和温差过大导致面部皮肤受损而出现的片状或团块状的红色斑块。这种异域特有的"肤色"传到了中原，竟反而被视为新奇时尚，在女性中被模仿并流行。

白居易认为这种妆容"非华风"，将其归咎于"戎人"的影响，是乱世之相。安史之乱后，吐蕃军队乘虚而入，深入唐境，甚至两次攻入长安，对唐朝统治造成很大威胁。所以尽管时髦，这种八字哭啼的丧气妆容还是为士大夫所鄙夷，《新唐书·五行志》也认为这种妆面"状似悲啼"，是亡国"忧恤象也"。

没过几年，到了穆宗长庆年间，元和时世妆升级为"血晕妆"："长庆中，京城妇人去眉，以丹紫三四横，约于目上下，谓之血晕妆。"当时的妇人，头梳直指向天的高大堆髻，除了啼眉，眼睛上下还用丹紫画出几道横道，宛如被划伤的血痕一般，很明显，其灵感也是来自吐蕃妆面。极为难得的是，在河南安阳的两座中唐时期墓室壁画里，描绘的女性几乎全部做此打扮，与记载丝毫不差。这前后墓葬中出土的陶俑，也是各种夸张的高髻。

根据白居易《时世妆》的妆容演绎，八字眉、乌膏注唇、晒伤赭面妆。模特：杨述敏；化妆造型：裘悦佳；摄影：华徐永

这类妆面在一定程度上也反映了当时"伤妆"的流行。《太平广记》记载了一个小故事，中唐时"房孺复妻崔氏，性妒忌，左右婢不得浓妆高髻""有一婢新买妆稍佳，崔怒谓曰：'汝好妆邪？我为汝妆。'乃令刻其眉，以青填之。烧锁梁，灼其两眼角，皮随焦卷，以朱傅之。及痂落，瘢如妆焉。"妒妇见不得婢女巧作装扮，灼其眉心和眼角，再填上朱粉，等到结痂留疤，就和特地画上的妆道一样。如此血腥的故事或许正是"血晕妆"的由来，正如"斜红妆"和"赭面妆"的由来一样，体现了唐代女性对伤痕美和病态美的猎奇。

唐代诗人元稹在《恨妆成》里，还提及了当时女子化妆的若干步骤："傅粉贵重重"，首先重重地敷施铅粉打底；"施朱怜冉冉""轻红拂花脸"，在脸上涂抹胭脂，点口脂；"凝翠晕蛾眉""当面施圆靥"，晕画黛眉，施面靥；最后"柔鬟背额垂""丛鬓随钗敛""满头行小梳"，梳鬓髻，插钗敛鬓，满头插上小梳。这样才算大功告成。

《旧唐书》记载，文宗"性恭俭、恶侈靡"，即位之后，立刻下令遏止举国上下各种浮夸奢靡的风气，其中就包括妇人怪异的妆面。"妇人高髻险妆，去眉开额，甚乖风俗，颇坏常仪，费用金银，过为首饰，并请禁断，共妆梳钗篦等……限一月内改革。"文宗开始正式禁高髻险妆，禁去眉开额。但这份禁令似乎成效不大，去眉险妆虽不再风行，但晚唐五代的妆面似乎变得更加花哨。贵妇们不仅钗梳满头，还往脸上贴涂越来越多的东西。妆面更加花样繁多的时期即将到来。

▷
河南省安阳市唐代赵逸公墓壁画中的血晕妆仕女。洛阳古代艺术博物馆藏

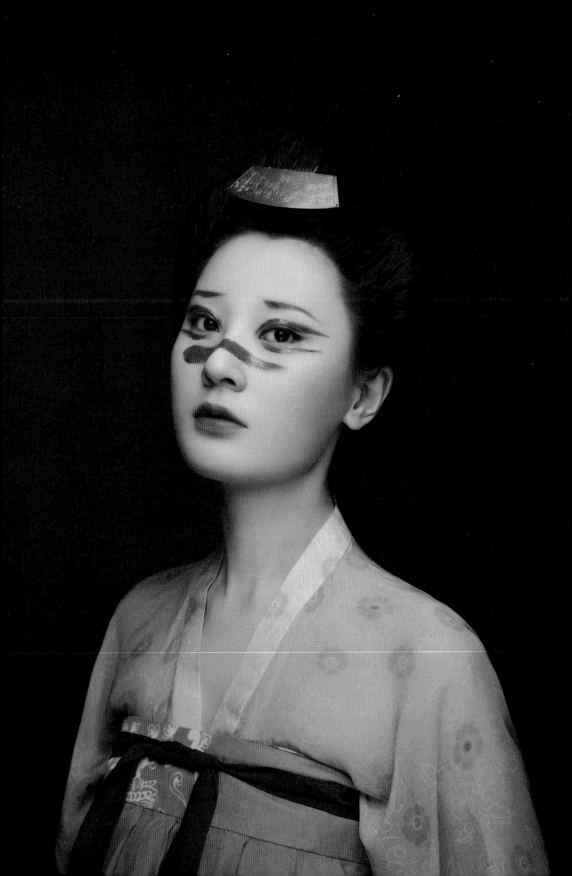

广插钗梳之风的盛行

中唐时世妆中引人注目的，还有头上数量越来越多的钗梳，安阳中唐墓壁画中所绘女性，不仅前额两鬓由下往上横插三支梳篦，甚至在头顶中央的高髻上还上下插戴一排梳篦，尺寸由大至小，正是元稹诗中"满头行小梳"的状态。

在整体的流行变化上，隋唐五代的插梳也和其他首饰一样呈现体量从小变大、数量由少而多的发展趋势。从出土壁画、陶俑来看，隋初至初唐妇女头上插梳尚不多见。有的也只是在鬓侧、髻底插一两枚尺寸极小的梳篦，露出小小的梳背。如陕西礼泉神龙二年（公元 706 年）永泰公主墓石椁线刻，虽然描绘的均为宫廷贵妇，但大多只能在头上看到插戴一枚指头大小的梳背。这种情况维持到盛唐，头上所插梳篦的尺寸略

有增大，但数量依然很少，有的梳背上还可见花纹或珠背装饰。

　　盛唐后期，开始流行在鬓上前侧插小梳，如敦煌莫高窟第一三零窟都督夫人礼佛图中的几位夫人，前鬓左右插戴数枚小梳，逐渐往装饰化发展。中唐时，发髻变大，插梳的空间也随之扩展，不仅在髻座单插一只大梳，有时甚至开始成排成行地插大小梳篦，脑后也会插戴若干，前举安阳中唐墓壁画以及台北故宫博物院《宫乐图》都描绘了各种插梳方法。在文宗朝的禁令里，就有关于"梳钗篦"的部分，文宗甚至还曾煞有介事地遣内官到公主府上挨个宣旨，让公主们不得插满头的梳钗。"命中使于汉阳公主及诸公主第宣旨：'今后每遇对日，不得广插钗梳。'"可见当时自上而下满头插钗梳之风有多么盛行。

　　此时作为装饰的梳篦，不管是材质还是形态、工艺都比单纯的梳理工具精致复杂得多。装饰部分集中在梳背，造型有基本的方形、梯形、箕形、圆弧形以及发展而出的三出云头形等，《杂集时用要字·花钗部》中有"钿掌、月掌"，"掌"即指梳背似掌的部分，又叫"梳掌"，"月掌"则是形容半月形的梳背。材质上金、银、玉、象牙、犀角、水晶、玳瑁均有，由于材料贵重，多用组合式构成，即作为装饰重点的梳背使用昂贵华美的材料，插入发中的梳齿多用木、骨等材质。甘肃武威南营青嘴湾唐墓出土的嵌螺钿绿松石花果纹骨梳，骨质梳齿细密，梳背为细长圆弧形骨质，两面以绿松石、螺钿镶嵌出联珠、石榴、桃、梅花、蜂蝶纹。

不同材质对应的工艺也各不相同。最常见的金银梳背多用錾刻、掐丝、焊珠、锤揲，如西安何家村窖藏出土的一件金梳背，掐丝做成缠枝花果形，花果内填以金粟珠；或和花簪钗一样使用镂空技法，河南三门峡唐墓所出的一件银鎏金双凤纹梳背，以镂空球路纹为底，中有双凤，边缘也做出镂空花饰。用花钿装饰而成的梳背被称为"钿掌"，也是常见的装饰法，白居易诗中有"钿头云篦击节碎，血色罗裙翻酒污""梳掌金筐蹙"，温庭筠也曾写过"宝梳金钿筐"。陕西西安雁塔区三兆镇村、

◁1 2

1　敦煌莫高窟第一三零窟都督夫人礼佛图中的夫人形象（史敦宇、金洵瑨．敦煌壁画复原精品集 [M]．兰州：甘肃人民美术出版社，2010．）
2　《宫乐图》中脑后插梳仕女，台北故宫博物院藏
○
河南省安阳市唐赵逸公墓壁画中化血晕妆、画八字眉的仕女，髻上成排插梳

韩森寨均曾出土弧形钿掌，在金粟地上盘出花鸟钿筐，但镶嵌物均已脱落。美国大都会艺术博物馆藏有一对造型、题材相似的梳背，但花纹上下相反，可知原来的插戴方向不同。"镂玉梳斜云鬓腻"（唐李珣《浣溪沙其二》），玉石类梳背则通常采用浮雕，也可以胶粘钿花，即"玉梳钿朵香胶解"（唐元稹《六年春遣怀八首》）。唐段公路《北户录》的"通犀"一节记载了犀角梳背的做法："以铁夹夹定，药水煮而拍之，胶为一体，制为梳掌，多作禽鱼随意。"

1
2

1　出土于江苏省扬州市三元路的金梳篦（徐良玉，李久海，
　　张容生．扬州发现一批唐代金首饰 [J]. 文物，1996．）

2　唐代金背玉梳。美国大都会艺术博物馆藏

晚唐、五代：西州狂花与素雅汉妆的两极分化

安史之乱后，大唐帝国风雨飘摇，陷入藩镇割据的困境，再也没有当年的雄风。曾经富庶的河西走廊常年为吐蕃人和回鹘人控制。吐蕃统治时代，为了达到长期统治的目的，强行实施蕃化政策，中断了丝绸之路，致使经济凋零、社会动荡，妇女的妆饰也逐渐失去了盛唐时期的富丽与华美。而每逢藩镇威胁到帝国统治之时，大唐就不得不向回鹘求救，支付大量金钱获得回鹘的保护，这使得回鹘榨取了大唐大量的财富，盛极一时。这其间，趁吐蕃统治集团内讧之际，敦煌世族子弟张议潮乘机率众起义，收复了河西十一州的大部分地区，并归顺唐王朝。唐王朝为了嘉奖张议潮，遂在敦煌设立河西归义军，从此，敦煌进入归义军与回鹘政权的交替统治时期。为了统治的需要，归义军家族开始了与回鹘和于阗王室世代政治联姻的历史，直至公元11世纪初被沙洲回鹘彻底取代。

归义军统治时期，随着与中原王朝的密切联系与农业经济的恢复，敦煌一度"人物风华，一同内地"，而由于晚唐王朝自顾不暇，对归义军政权也无力钳制，因此敦煌壁画中归义军节度使女眷在服饰装扮上时常会出现逾制的现象，呈现出一种末世狂花的跋扈之态。敦煌壁画中满面花子、花钗满头、珠光宝气、彩锦绕身的女供养人形象便集中出现在归义军家族的墓葬中，呈现出一种浓郁的西州胡汉杂居地区的女性妆饰

▷
晚唐妆容复原：蛾眉、花钿、面靥、斜红，头上着花钗、插梳、金凤冠。模特：大乐乐；梳妆：迦陵千叶；考证：陈诗宇；摄影：吴西羽

特色，也是西州文明与盛唐妆饰相融合的一种展现。晚唐张议潮使沙洲政权回归唐朝后不久，贵族女性的妆容中已出现了"满面花子"的现象；之后唐末节度使索勋与张承奉所建的莫高窟第一三八窟中也出现了花钗翟衣与满面行花靥的郡君太夫人形象；随后曹议金家族与回鹘和于阗王室世代联姻，敦煌壁画中所显示的回鹘天公主和于阗曹氏王后的妆容风格更是繁复艳丽之致，其豪族阵势远非盛唐可比。

而此时中原腹地的政治则分崩离析，财政日渐匮乏。于是，在妆饰文化上便出现了河西与中原腹地的两极分化。一边是绮丽繁复的西州狂花，一边则是日渐淡雅的汉妆回归。在创作于晚唐和五代中原地区内地画作，如《簪花仕女图》《韩熙载夜宴图》等仕女画像中，女性的妆容越来越趋向于清新淡雅，大有回归素朴之势，与同时期敦煌供养人的妆容风格迥然不同，明显属于两个文化体系，一个是斑斓胡风，一个则是素雅汉妆，而后者则成了后世中国妆容的主流方向。

满面花子贴纵横与洗尽铅华归本真

在脸上点贴装饰、图案之风出现得很早，先秦到魏晋的考古图像中便有发现。初唐、盛唐面饰之风依然盛行，但如前所述，大多仅在酒窝、额头、两颊处做少量装饰，称作靥、花钿、斜红，以额上花钿样式最为繁复。中唐以后，面饰花子之风愈演愈烈，在晚唐五代人的笔记中常有"帖五色花子"的记载。时人甚至把各种花样颜色的花子、花钿、花靥贴得满脸都是，形成欧阳炯描述的"满面纵横花靥"的样子。

脸上贴花子的起源说法不一，晚唐段成式在《酉阳杂俎》中将其归

敦煌莫高窟第六十一窟的五代曹议金家族女眷供养人像，
左边一人是回鹘装束，中间和右边两人是汉装，均面涂褐
粉，满面花子（黄能馥，陈娟娟．中国历代服饰艺术 [M].
北京：中国旅游出版社，1999）

为上官婉儿的发明，而且和掩盖面伤有关，"今妇人面饰用花子，起自昭容上官氏所制，以掩点迹"，又说"大历已前，士大夫妻多妒悍者，婢妾小不如意，辄印面，故有月点、钱点"，说是妒妇动辄往婢妾脸上刺点，反而启发了各种面妆。《中华古今注》更将花子妆容追溯至秦："秦始皇好神仙，常令宫人梳仙髻，帖五色花子，画为云虎凤飞升。……织女死，时人帖草油花子。至后周，又诏宫人帖五色云母花子，作碎妆，以侍宴。如供奉者，帖胜花子。"《中华古今注》成书于五代，其中名物多远溯秦汉甚至三代，或有附会成分，但可以从中看出，当时的人已普遍有"五色花子""云母花子"等在面上贴满各色花子的"碎妆"观念。

花子的样式很丰富，除最简单的圆点外，还有凤鸟形、花草形、蜂蝶形等。唐代王建有一首《题花子赠渭州陈判官》："腻如云母轻如粉，艳胜香黄薄胜蝉。点绿斜蒿新叶嫩，添红石竹晚花鲜。鸳鸯比翼人初帖，蛱蝶重飞样未传。况复萧郎有情思，可怜春日镜台前。"诗题为"花子"，又称"镜台前"，讲的正是当时各种面饰花子的样子，先用云母、粉、蝉等来形容其轻薄，又罗列了新叶、石竹、鸳鸯、蛱蝶等花鸟样式题材，可见形态种类之多。西安政法学院（现西北政法大学）盛唐墓出土的陶俑，面上有年代较早的绿色小鸟状花子；在晚唐五代敦煌莫高窟供养人壁画中，满面花子是主流装饰，分布在额头正中两侧、太阳穴、鼻翼、嘴角、眼角、两颊、两腮，总数可达十几二十处，看起来相当夸张。材质也各有不同，有的似为轻薄材质如云母、彩纸、金银箔、虫翅、翠羽、鹤草等所剪贴，有的则应是具有厚度的金银宝石钿饰。盛唐之风在河西文明中得到了延续。

而在此时的中原与沿海发达地区，随着政治与经济的衰败，妆容也

◁
敦煌莫高窟第九十八窟的曹议金家族女眷供养人像，面部有多种花靥。临摹：范文藻（谭蝉雪.敦煌石窟全集24：服饰画卷 [M]. 香港：商务印书馆，2005.）

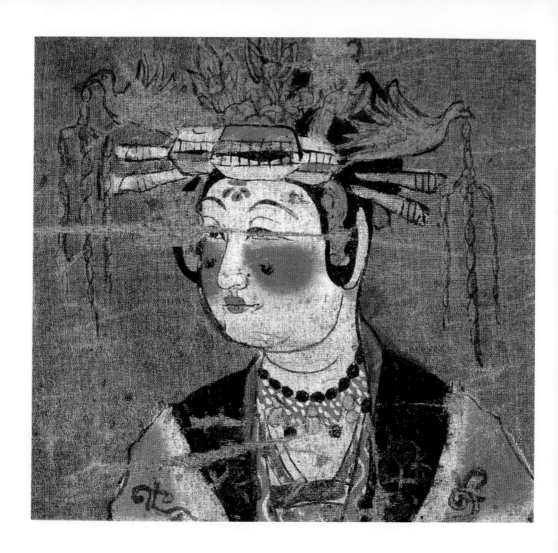

出土于甘肃敦煌的唐代绢画，原存敦煌莫高窟藏经洞。大英博物馆藏

日益回归素雅，浓妆艳抹不再流行，甚至连流行了几百年的花子也少见了起来，大有洗尽铅华归本真之势。只是在眉妆上还时有创新，比如《簪花仕女图》脸上的桂叶眉，是粉白黛黑的基调上偶能见到的一抹亮色。

在唇妆上，唐代不仅唇色丰富，有朱唇（大红）、檀口（浅红）、绛唇（深红）、乌唇以及男用的无色香口脂等，妆唇的形状更是千奇百怪，但总的来说依然是以娇小浓艳的樱桃小口为尚。相传唐代诗人白居易家中蓄妓，有两人最合他的心意：一位名樊素，貌美，尤以口形出众；另一位名小蛮，善舞，腰肢不盈一握。白居易为她俩写下了"樱桃樊素口，杨柳小蛮腰"的风流名句，至今仍然被用作形容美丽的中国女性的佳句。当然"樱桃小口"只是一个概称，其具体的形状并不仅仅是圆圆的樱桃形状。晚唐时流行的妆唇样式最多，宋陶谷《清异录》记载："僖昭时，都下倡家竞事妆唇。妇女以此分妍否。其点注之工，名字差繁。其略有胭脂晕品、石榴娇、大红春、小红春、嫩吴香、半边娇、万金红、圣檀心、露珠儿、内家圆、天宫巧、洛儿殷、淡红心、猩猩晕、小朱、龙格、双唐媚、花奴样子。"这些唇妆形制虽然大多不详，但仅从这众多的名称便可看出唐时点唇样式的不拘一格。

云髻蓬松承繁饰与花钗成排绕髻插

唐代前中期的发式有偏垂一侧、或单或双或不对称的小髻，还有形态丰富的各式顶髻。到了晚唐五代，女性头上的簪钗、梳篦越来越多，动辄成排插戴，于是流行的发型也以蓬松高大的"云髻"为主，两鬓、

《簪花仕女图》中梳高髻、插步摇、着白妆桂叶眉的仕女。
辽宁省博物馆藏

1

2

1 敦煌莫高窟第六十一窟五代沙州归义军节度使曹延禄
之妻于阗公主（中）像，身穿唐制礼服，头戴大型莲花凤
冠，脸部贴满翠钿，颈戴华丽颈饰（许俊.敦煌壁画分类作
品选[M].南昌：江西美术出版社，2010.）
2 敦煌莫高窟第九十八窟曹议金家族女供养人的花钗大
髻（谭蝉雪.敦煌石窟全集24：服饰画卷 [M].香港：商务印
书馆，2005.）

额发梳成圆润隆起的形态，其上可以插梳、贴钿、垂花饰，头顶脑后的头发总拢成一大团，可以对称地插满一圈簪钗。

到了五代前后，发髻越发高耸，"蜀孟昶末年，妇女竞治发为高髻，号朝天髻"，尤其在南方各地如杨吴、南唐、闽国曾辖地所出土的女俑，几乎全数梳夸张的高髻。最为著名的例子是《簪花仕女图》中的女子，她们的头发是从额头往上梳至尺余高再翻向脑后，其上正中插戴垂饰极繁的步摇钗，钗首以鸟雀口衔或花枝垂挂若干缀饰，头顶簪花，脑后又有若干折股钗和花钗。

普通的直簪、折股钗装饰面积有限，为了获得更加华丽的装饰效果，晚唐的簪钗形式进一步发展，插戴后显露在外的部分成为装饰重点，扩大为平面的长倒三角形、扇形或花叶形，形成一类装饰性很强的花簪钗，这在中晚唐、五代盛行一时，是唐代首饰里最具代表性的样式。由于增大了装饰范围，此类纹样繁复的花簪钗往往长达二三十厘米，材质也以华贵的金和鎏金银、铜为多。

装饰花簪钗时，有以鱼子地为底錾刻图案的，也有在镂空地上镂雕

1967 年出土于陕西省西安市新城区西安通讯电缆厂的石
榴花纹银钗（西安市文物保护考古所 . 西安文物精华：金
银器 [M]. 北京：世界图书出版公司，2012.）
○
晚唐女子妆容复原：蛾眉，画花钿、面靥、斜红，头上着
花钗，插梳、凤簪，戴金冠。模特：徐悦尔；化妆造型：
纳兰美育，摄影：华徐永

155

出装饰主题的，后者由于以薄片镂空制成，较轻，可以做得很大，发挥余地大，图案复杂细腻，钗顶或以花萼形托延伸出卷枝蔓草、牡丹、菊花、莲叶、麦穗、石榴等植物，或以兽首形吐出缠绕的绶带；其间再分布鸟兽、人物主题图案，如衔绶凤鸟、孔雀、鸂鶒、鸿雁、蜂蝶、狻猊、摩羯、迦陵频伽、仙女、婴戏等。

有时，一支簪上还可分出两支簪首，相互缠绕舒展而出，也有拨形、扇形、花叶形和尖角形等各种造型，模拟同时插戴两簪的样子。西安韦曲韩家湾村一座晚唐壁画墓中，壁画仕女头上均对称簪戴二到四支扇面形或花边扇形饰，当为此类花簪，成对花簪出土时方向通常为横卧相对式，也符合壁画中的插戴方向。

浙江长兴下莘桥晚唐窖藏出土的四十七支银钗中有镂空缠枝花鸟纹银花钗四对八支，包括缠枝花双鸿雁纹、缠枝三凤石榴纹、缠枝球路双凤纹、缠枝单凤纹四种图式，均为凤鸟花草纹题材，两两成对。1967年在西安通讯电缆厂出土的石榴花纹银钗则属于双首花钗，《簪花仕女图》的仕女髻后侧所插便是一支双首金钗。

不像单支使用普通直簪、折股钗，造型华丽的装饰性花簪钗多为成对、成组使用，这在敦煌晚唐、五代供养人壁画中很常见。敦煌莫高窟第九窟壁画中的一排晚唐女供养人，便有少则一对多则十支花钗组合的繁简插戴方式。出土情况也佐证了这一点，少数的未被扰动墓葬中，花簪钗均为成对出土，对称放置在墓主头骨两侧，每对题材相同，花纹方向相反，多为横向布局，可见应为横向或簪首斜向上插戴，一组内可有多对题材组合。陕西西安南郊"紫薇田园都市"工地唐墓曾出土一组五对完整的鎏金银簪，包括一对拨形素面簪、一对双首杏叶形簪，还有三对花鸟簪，分别为鸿雁卷草纹、鸳鸯卷草纹以及石榴花结绶带纹，囊括了晚唐流行的各种簪式和题材。

插戴时，先用若干对素折股钗、素簪固定安发，再将若干花钗两两相对直接插入发髻，展示缤纷精致的簪钗首。钗首花纹多为横卧式，可以根据纹样方向判断插戴方位和角度。鬓前两侧、中央、鬓后可插戴尺寸很大的梳篦，正中可插戴三角形钗，甚至还可在头顶戴复杂的凤鸟形饰或冠饰，颈部则流行挂各种繁简不等的璎珞，尤其是多串圆珠由大颗宝石分隔成多段的样式，豪华者坠饰可达四五圈，从脖颈一直围绕延至肩胸，完成一套华丽的盛装。

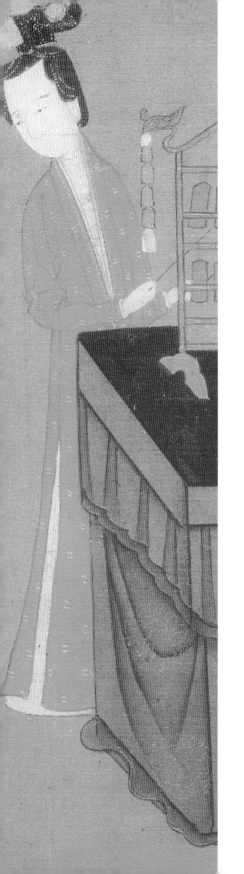

第四章

转型

宋：回归素朴

辽、元：少数民族风情

宋：回归素朴*

* 本节作者：陈诗宇，古方妆品增补：李芽

天下诸事，盛极而衰，妆容的发展也不例外。经过了魏晋的广收博取、大唐的发扬光大，中国女性在妆容修饰上一度体现出过度的自信与繁缛。不过，自两宋开始，中国女性的妆容审美再度回归淡雅，重回两汉时期的简约素朴，首饰头面却不期然地出现百花齐放的盛况。

这一抑一扬和两宋的时代背景有直接的关系。

首先，自宋代开始，女性的社会地位出现了极大的转折，两性关系从较为宽松走向严苛。为了防止唐末藩镇割据的重演、避免"女祸"和外戚乱政，宋代加强了集权统治，严禁后妃干政，同时为了防止武官权重，实行重文抑武的政策，大大加强了思想统治。两宋时期形成的"程朱理学"成了宋代官方的指导思想，继而成为整个中国封建社会后期的统治思想。

"程朱理学"是儒家学说的新发展，其思想体现在很多方面，其中对世俗生活影响最深的体现在道德层面，即"以儒家的仁义礼智信为根本道德原理，以不同方式论证儒家的道德原理具有内在的基础，以存天理、去人欲为道德实践的基本原则"*。在这里，理学家所提倡的"存天理，去人欲"，原本是提倡人们用普遍的道德法则"天理"，来克服那些违背道德原则、过分追求利益的"人欲"。北宋理学家程颐的"饿死事小，失节事大"原本也是告诉人们人生中有比生命、生存更为宝贵的价

* 陈来：宋明理学 陈来学术论著集[M]. 北京：生活·读书·新知三联书店，2011.

值，那就是道德理想。但在实际发展过程中，对程朱理学，尤其是对"失节事大"的偏执和狭隘理解，使得宋人形成了针对妇女的极为严酷的贞洁观，如反对寡妇再嫁。而为了维护女性的贞洁，使"男女有别"不仅体现在精神层面，也体现在身体层面，从宋代开始，社会对妇女肉身的约束逐渐强化。这主要表现在三个方面：一是妆容由前朝的浓艳招摇走向文静素朴，二是缠足开始流行，三是汉族女性开始穿耳。

其次，宋代社会风气淫靡，娼妓业也较前代有了极大的发展。在社会现实层面，程朱理学影响下的两性道德观实际上是一种严重的双重道德观，充满着复杂的矛盾冲突。男子一方面要女子自守贞节，一方面又在外嫖娼宿妓。出于正统的习俗和专制以及享乐的需要，有权有钱的男性需要同时努力造就两类女性：一类是传统家庭型妇女，严守贞操，传宗接代；一类则是大量充斥于歌楼妓馆的"风尘""烟花"女子，满足男性的享乐。

当然，淫靡之风的出现，也有着多方面的因素。北宋王朝是通过"和平兵变"建立起来的，前代末世之风并未受到大涤荡，唐末五代淫靡之气于是保留了下来。为了防止武官权重、笼络爪牙，宋太祖公开劝说功臣们"多积金帛田宅，以遗子孙；歌儿舞女以终天年"（《宋史》）。因而，宋朝贵族官僚豪奢腐败，大肆纵欲，地方官吏"监司郡守，类耽于逸豫，宴会必用妓乐"（清金士銮《宋艳》）。更重要的是，宋代社会在政治和经济上都发生了很大的转变，土地制度从唐代"均田制"变为"租佃制"，大批农民丧失土地，流入城市，卖儿卖女，客观上导致宋代婢妾娼妓盛行。再加上商业的迅速发展和都市生活的进一步世俗化，市井阶层和市民队伍迅速扩大，其中工商之民，特别是商贾们，成为都市生活中重要的阶层，这直接促进了妓业的繁荣。那些久离妻妾的商贾们

有性的需要,同时也有足够的金钱买笑寻欢。一时间,宋代的都市如汴京、临安呈现空前的畸形繁荣,勾栏瓦肆、酒楼妓馆、舞榭歌台,竞逐繁华,这种盛况在《东京梦华录》《梦粱录》《武林旧事》以及众多的宋人笔记、诗词、话本中都有生动详细的描绘。再有,宋代的官吏选拔,更加注重科举出身的文士。在这一批世俗地主阶级出身的知识分子中,不少是通儒经、信佛道、擅诗词的才子。他们喜爱与歌姬舞女们交往,诗酒唱和,相期相得。至于风流名士、文豪词客更是与歌妓舞女难解难分,连宋徽宗、宋理宗也有宠幸名妓的风流佳话。宋词之所以盛行,与妓业的兴盛是分不开的。在这种背景下,社会普遍认可特定阶层的女性以色相娱人,而色相是需要靠服饰来包装打造的,那么女性妆饰逐渐趋向繁缛与矫饰也就是自然而然的事情了。不过,宋朝毕竟是一个以汉族人为主的王朝,浓艳另类的胡风已是前朝旧事,因此,宋代女性妆饰的繁缛主要体现在首饰上,在妆容修饰上始终比较克制。

总体来讲,北宋虽然巩固了对内的统治,但面对强悍的辽、金、西夏,始终处于被动挨打的局面。南渡以后,南宋偏安江南,不思收复中原，更是江河日下，朝野上下笼罩在萎靡不振、哀怨缠绵的气氛之中。因此，两宋妆容审美的回归，并不是简单的重复，此时的妆容不再有西汉开疆拓土的大气磅礴之美，而呈现出一种阴柔孱弱之美。

北宋：淡雅的妆面与精致的头面

程朱理学影响到了美学理论，赵宋一代出现了理性之美。建筑上用白墙黑瓦与木质本色；绘画上多水墨淡彩；陶瓷上突出单色釉；服饰上也趋于拘谨、保守。北宋是中国妆容审美的转折过渡期，一方面，唐五代对于高髻、红妆的喜爱尚留有余韵，另一方面，妆面开始趋于简化和精致，过多夸张的涂抹不再多见。在面妆上，宋代一反唐代浓艳鲜丽之红妆，而代之以浅淡、素雅的薄妆；眉妆上，则以纤细秀丽的蛾眉为主流；唇妆上，也不似唐代那样形状多样，而是以"歌唇清韵一樱多"的樱桃小口为美。

宋代整体的妆面回归淡雅精致，被称为"薄妆""淡妆"或"素妆"。"香墨弯弯画，燕脂淡淡匀"（北宋秦观《南歌子》）、"玉人好把新妆样，淡画眉儿浅注唇"（南宋辛弃疾《鹧鸪天》），弯弯细眉、淡淡胭脂、点

宋王诜《绣栊晓镜图》。台北故宫博物院藏

注樱唇，基本就是北宋中后期女性的典型妆面。

　　胭脂依然受到喜爱。此时的红妆虽然不及盛唐红妆之浓烈，但还是妇女妆面不可或缺的一部分。北宋词人常用酒红、霞光、芙蓉、荷花形容胭脂，如晏几道的"娇面胜芙蓉，脸边天与红"，晏殊的"晚来妆面胜荷花""酒红初上脸边霞"，欧阳修的"酒醺红粉自生香"。

　　宋女也施朱粉，但大多是施以浅朱，只透微红。从前风行的一些妆容仍未过时，例如：曾流行于唐代的先施浅朱，然后以白粉盖之，呈浅红色的飞霞妆；汉代便已有之的薄施朱粉，浅画双眉，鬓发蓬松而卷曲，给人以慵困、倦怠之感的慵来妆，宋代张先《菊花影》一词中有"堕髻慵妆来日暮，家在画桥堤下住"。另外，还有一种"檀晕妆"，先以铅粉打底，再敷以檀粉（即把铅粉与胭脂调和在一起），面颊中部微红，逐渐向四周晕染开，也是一种非常素雅的妆饰。

宋代眉妆总体风格是纤细秀丽、端庄典雅，与唐、五代各种夸张的阔眉大异其趣。宋代宫女和民间女子所画的基本都是复古的长蛾眉。宋词中的"蛾儿雪柳黄金缕""都缘自有离恨，故画作远山长""蓦然旧事上心来，无言敛皱眉山翠"和"长波妒盼，遥山羞黛"，尽管称谓不同，但从宋人绘画、彩塑来看，基本类似蛾眉。

蛾眉占据主流，也不乏其他的眉式。宋人陶谷在《清异录》中记载了当时年轻尼姑的眉妆："范阳凤池院尼童子，年未二十，秾艳明俊，颇通宾游，创作新眉，轻纤不类时俗，人以其佛弟子，谓之浅文殊眉。"眉式淡雅而纤细，既符合尼姑的身份，也可看出尼童子大多凡心未了。另外，还一度出现广眉，苏轼在《监试呈诸试官》诗中曾云："广眉成半额，学步归踸踔。"《清异录》中另一个故事讲到宋代名妓莹姐，每天换一种眉形，曾有人戏之曰："西蜀有《十眉图》，汝眉癖若是，可作《百眉图》，更假以岁年，当率同志为修《眉史》矣。"可见其画眉式样之多。

只可惜随着时间的流逝，这些眉式多已失传，现只能从仅存的图像资料中看到一些痕迹。如旧藏于故宫南薰殿的历代帝后像中的宋代妇女，眉式就很有特点。有一种眉形在皇后和宫女画像中都曾出现，眉毛均画成宽阔的月形，另在一端（或上或下）用笔晕染，由深及浅，逐渐向外部散开，直到消失，别有一种风韵。典籍中所谓的"倒晕眉"，或即指这种眉式。苏轼在《次韵答舒教授观余所藏墨》诗中也曾提到"倒晕连眉秀岭浮，双鸦画鬌香云委"。

宋代女子画眉的材料也有了进一步的发展。"墨"渐渐取代了"黛"。人造墨的发明，在纸笔之后。汉代尚以石墨磨汁作画，至魏晋间始有人拿漆烟和松煤制墨，谓之"墨丸"。唐以后，墨的制造逐渐发展，至宋

1 2
3 4

1 《宋钦宗皇后像》，图中人物画八字眉、妆珍珠点翠宝靥。台北故宫博物院藏

2 《宋仁宗皇后像》中的侍女，其脸上妆有珍珠宝靥，画"倒晕眉"，头戴"一年景"花冠。台北故宫博物院藏

3 《宋真宗皇后像》，画中人物只在下唇妆有一点深红色的唇珠。台北故宫博物院藏

4 《宋高宗皇后像》，图中人物脸上饰有珍珠点翠的宝靥。台北故宫博物院藏

而粲然大备，故开始以墨画眉。因此，以墨画眉虽始于魏晋之间，却至唐末宋初才普遍盛行。烟墨的制法，到了这个时代已经很普遍了。《清异录》载："自昭哀来，不用青黛扫拂，皆以善墨火煨染指，号薰墨变相"。日日换眉妆的莹姐，也是用烟墨作修眉的质料，故当时"细宅眷而不喜莹者，谤之为胶煤变相"。

关于画眉墨的制法，《事林广记》有一条很详明的记载（见本书第203页），这种墨因其专供镜台之用，故时人特给它起了一个非常香艳的名字，叫作"画眉集香圆"。

"画眉集香圆"只可画黑眉，不能画翠眉、绿眉。但论制作程序的繁复，却不能不承认比单纯利用自然产物进步许多。自宋以后，眉色以黑为主，青眉、翠眉逐渐少见，当与画眉材料的更新有着直接的关系。

宋代女子的唇妆不似唐女那样形状多样，但仍以小巧红润的樱桃小口为美。正所谓"歌唇清韵一樱多"（宋赵令畤《浣溪沙》）、"唇一点，小于朱子"（宋张先《师师令》），点染樱桃小口是宋代唇妆的主流。北宋中后期出现一种仅画下唇的唇妆，从传世画像中的北宋仁宗后、英宗后，到北宋后期河南登封宋墓壁画中的女性，均仅涂饰下唇，甚至仅在下唇点唇珠。肖像中的北宋真宗后，其下唇中央以深红色点一唇珠。

宋代的妇女虽说受当时的社会道德观念束缚很深，在面妆上舍弃了以往的浓妆艳抹而呈现一种清新、淡雅的风格，但对面饰依旧钟情，只是在形式和色彩上比较克制，展现出宋代特有的低调奢华。宋时不但保留了前朝的面饰种类，在材质上还出现了很多创新。北宋刘安上赋有一首《花靥镇》："花靥谁名镇？梅妆自古传。家家小儿女，满额点花钿。"表达了宋时妇女对花钿与面靥的热爱之情。

梅花形花钿依旧流行。在宋代，咏叹梅妆的诗词非常之多，如"佳人半露梅妆额"（汪藻《醉落魄》）、"晓来枝上斗寒光。轻点寿阳妆"（李德载《早梅芳近》）、"寿阳妆鉴里，应是承恩，纤手重匀异香在"（辛弃疾《洞仙歌》）、"蜡烛花中月满窗。楚梅初试寿阳妆"（毛滂《浣溪沙》）、"茸茸狸帽遮梅额，金蝉罗剪胡衫窄"（吴文英《玉楼春》）、"深院落梅钿，寒峭收灯后"（李彭老《生查子》）等。而其中最著名的当属大才子欧阳修的"清晨帘幕卷轻霜，呵手拭梅妆"。有佳人钟情于梅妆，才子们才会咏叹；而有了才子的咏叹，佳人自会更加钟情。

除梅钿之外，曾流行于唐代的翠钿在宋代也很盛行。宋代王珪《宫词》中有"翠钿贴靥轻如笑，玉凤雕钗袅欲飞"。与宋同时的金，男子也点翠靥，只是不似女子般粘贴于面或涂绘于面，而是黥刺于面，类似于文面。在《金史·隐逸·王予可传》中便有这样的描写："为人躯干雄伟，貌奇古，戴青葛巾，项后垂双带，若牛耳，一金镂环在顶额之间，两颊以青涅之为翠靥。"

宋时的女子还喜爱用脂粉描绘面靥。高承《事物纪原》中记载："近世妇人妆，喜作粉靥，如月形，如钱样，又或以朱若燕脂点者。"宋代还出现以珠翠珍宝制成的花钿，称为"玉靥"或者"宝靥"，多为宫妃所戴。翁元龙在《江城子》一词中咏叹："玉靥翠钿无半点，空湿透，绣罗弓。"若观形象资料，宋代帝后像中，身着最隆重礼服、盛装出场的皇后与其侍女，眉额脸颊间都贴有以珍珠点翠制成的珠翠宝靥。

除去沿袭前代，宋代在面饰的材质上还有所创新，出现了很多过去从未有过的新奇花靥。例如"团靥"，以黑光纸剪成圆点贴于面部。更有讲究者，还会在"团靥"之上贴上鱼枕骨做成的饰品。鱼枕骨又名"鱼魫"，是某些鱼类如青鱼喉部辅助咀嚼的增生角质，晒干后质地坚硬，呈淡红色，打磨油浸之后晶莹如琥珀一般。用此做成的面饰称为

▷
宋代"鱼媚子"妆容复原。模特：李芽；化妆造型：裴悦佳；摄影：华徐永

"鱼媚子",不仅用作面饰,还可装饰女冠子,称为"鈂冠"。此种面饰在北宋淳化年间大为流行。《宋史》中有详细的记载:"京师里巷妇人竞剪黑光纸团靥,又装镂鱼腮中骨,号'鱼媚子',以饰面。黑,北方色;鱼,水族,皆阴类也。面为六阳之首,阴侵于阳,将有水灾。明年,京师秋冬积雨,衢路水深数尺。"把面饰与水灾联系起来,当然是古时的迷信,但也说明此种面饰曾经盛行一时,以致引起史家的关注。

染额黄在宋时虽然不似唐代那样流行,却没有消失,周邦彦在《瑞龙吟》一词中有"清晨浅约宫黄,障风映袖,盈盈笑语",这里的宫黄指的便是额黄。

北宋中后期的发型最具特色的就是顶髻和额发。两宋女性日常戴冠之风尤盛,原本戴冠应当是家中地位较高的象征,到了北宋后期,上自后妃,下至民妇,已婚妇女平常多戴冠子。若不戴冠,头顶也会梳起类似冠子的顶髻,大体流行趋势是从北宋前中期的高大、夸张型往北宋后期的团圆型发展。

宋代百岁翁袁褧所撰的《枫窗小牍》云:"汴京闺阁妆抹凡数变。崇宁间,少尝记忆作大鬓方额……宣和以后,多梳云尖巧额,鬓撑金凤,小家至为剪纸衬发。"这里提到的"大鬓方额""云尖巧额",应该就是北宋后期所流行的额发造型。

在北宋后期的写实壁画中,可以看到很多种形态的额发,甚至同一场景内的女性,额发也各有不同。

河南登封唐庄的北宋末年壁画墓里所描绘的妇人,大多将额发盘成若干圆弧的朵云状,数量、形态、大小不一,以四五片为多,中分者盘出四片,也有额中一大片,两侧各两片。在山西高平开化寺北宋壁画、河南登封北宋李守贵墓壁画中,还描绘出尖额、平额、多弧额等几种额

发。晋祠圣母殿里头的侍女们，额发造型也各不相同。

随着两宋商品经济的发展、细金工艺技术的提升以及艺术品位较高的文人士大夫和世俗地主、富庶市民阶层的活跃，高雅与通俗审美开始交融，新风俗不断产生，宋代首饰呈现出与唐、五代截然不同的面貌。大量新品种、新样式出现，加工工艺和装饰趣味也有所转变。其中不少品种被元代和明初继承。这一时期，可以说是古代首饰发展重要的承前启后阶段。

相比于晚唐五代花枝招展的大型簪钗头饰，宋代头饰风格整体呈现自盛大而渐细长的发展趋向。北宋前期一度流行巨大夸张的首饰冠梳，而后在禁令及整体风气的影响下，渐为收敛。

为了配合冠子或顶髻，长脚圆头簪和长折股钗成了北宋后期最重要的首饰。长脚圆头簪是很具有代表性的宋式新簪式，簪首为一个带插孔的錾花圆球，簪身为一根细圆形的长杆，通长至少十五六厘米，甚至可达三十厘米以上，细长的簪脚能贯穿团冠前后，探出的簪首圆球既有装饰功能，又防止簪子滑落。在北宋墓葬壁画和传世的绘画中，举凡戴冠的女性，头上几乎都可以看到冠前中央露出的一截带圆头的簪首，冠后往往还露出簪脚，整体呈首尾下垂的半弧状。当然，簪子也可单插在头顶团髻中。

在北宋后期，用一支长钗固髻是非常普遍的做法。

折股钗是最基础的款式，很长，多在十几厘米，甚至超过二十厘米，可以贯穿全髻，多为日常固髻的功能性首饰。除了基础款式外，也有在钗首部分錾刻、钑打出纹样，或是"缠丝"，即密集缠绕的弦纹，或是"钑花""竹节"，做出相对精细的图案来。当时成年女性最常见的头顶团髻，一般是左右横插一长钗，贯穿发髻中部或者偏底部，钗首和钗脚

▷
宋钱选《招凉仕女图》中头戴冠子、梳云尖巧额的宋代女子。台北故宫博物院藏

宋佚名《杂剧打花鼓图册页》中戴耳饰、缠小脚的宋代杂剧演员形象。故宫博物院藏

各露出一截在两侧，并且如长簪一样多半两头或钗首向下弯曲。

在中国汉族聚居区，耳饰被礼教与世俗普遍接受，始于宋朝。如前文所述，在汉族人的观念中，穿耳除了使男女之别极端化之外，实际上还有一层隐晦的含义。汉刘熙《释名·释首饰》记载："穿耳施珠曰珰。此本出于蛮夷所为也。蛮夷妇女轻浮好走，故以此珰锤之也。今中国人效之耳。"从这段话可以看出，耳饰本为胡人风俗，汉人认为少数民族女子缺少礼教的束缚，故此行为少有约束，不甚检点，家人才让其穿耳垂珰，以示警诫。清代徐珂《清稗类钞》中也有类似观点："女子穿耳，带以耳环，自古有之，乃贱者之事。"由此看来，穿耳之所以从宋代开始在汉族女性中流行，和理学兴起导致的女性地位没落是有密切联系的。

从北宋开始，女性将耳饰视为首饰中不可或缺的一种，就连后妃也不例外。宋代绘画中常见戴耳饰的女性形象，耳饰数量、种类也大大增加，耳饰大致可以分为耳环、耳坠和排环几种。北宋景佑三年（1036年）令所列宋代命妇首饰中就提到"珥环、耳坠"两项，大约挂以坠饰类可称耳坠，另有"珠翠排环"的称呼，当指垂挂成排珠坠的耳环。在故宫南熏殿旧藏宋代帝后像中，皇后和侍女均着长串珍珠排环（见本书第166页）。

因为耳环为传入的风俗，所以宋代的基本耳环样式来自辽式，主体部分多为弯钩、弯月状，连带细弯的环脚，整体近似 S 形。弯月式耳环也可打造出更具宋人趣味的花样纹饰，比如缠丝、竹节、花卉，和宋钗的装饰技法相通。更复杂立体的做法，则是用金银片打造、锤鍱成空心立体的花形，再连接耳环脚。宋代耳环还发展出新的瓜果四季花纹饰，设计灵感大约来源于两宋以来绘画中的花鸟虫鱼与蔬果。

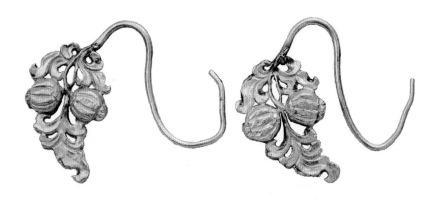

南宋：素雅白妆与泪妆

  宋是"崇文"的时代，审美趋雅致。靖康之难以后，南宋王朝偏居一隅，整体妆饰风格较北宋相比越发收敛。妆面以白妆为主，胭脂用得越发克制。首饰冠子尺寸缩小，发髻也更加小巧。如南宋前中期周辉在《清波杂志》中所感慨："辉自孩提，见妇女装束数岁即一变……后渐从狭小，首饰亦然。"将此描述中的"渐从狭小"作为南宋妆饰的整体概括大体不差。

  南宋女性延续北宋后期以来的风气，偏好淡雅的面妆，妆容越发白净素雅。诗词里的描述也以恬淡浅匀为多，如"出茧修眉淡薄妆"（陆游《无题》）、"浅妆匀靓"（周紫芝《清平乐》）、"时样新妆淡伫"（史浩《如梦令》）、"晚凉倦浴，素妆薄试铅华靓"（陈允平《侧犯》）等。从传

出土于江苏省无锡市郊北宋墓的金瓜果枝叶纹耳环（冯普仁，陈瑞农.无锡市郊北宋墓[J].考古,1982.）

世的南宋绘画看，仕女脸上很难找到胭脂的痕迹，妆面白净，在额头、鼻梁、下巴等处还会特别提亮。唇色浅淡，似乎只淡淡涂抹一些无色口脂，眉形也多纤细。

此外，南宋还有一种特别的"泪妆"，这种面妆以白妆为基础，妆粉施涂较薄，但在眼角点抹白粉，状如泪水充盈欲滴，有种哀愁之美。泪妆在唐、五代已经出现，"宫中妃嫔施素粉于面颊，号泪妆"，到南宋时期泪妆则是"粉点眼角"，仅仅于眼角略施妆粉，更加简单素净。宋代女性在祭扫时常做此妆，周密便记载了南宋临安郊外祭扫的场景："妇人泪妆素衣，提携儿女，酒壶肴罍。"（《武林旧事》）从"泪妆更看薄臙脂""西楼月下当时见，泪粉偷匀"（晏几道《采桑子》）看，泪妆也是平时的淡雅妆容。

古时的妆粉主要有米粉与铅粉两种。宋代铅粉中最有名的是"桂粉"，《桂海虞衡志》载："桂州所作最有名，谓之桂粉，其粉以黑铅着糟瓮罨化之。"还有一种用含有矿物质成分的"粉水"提炼的妆粉，宋人祝穆所著《方舆胜览》中记载成都有"粉水"，"一名都江水，在郡城

1 2

1 南宋《蕉荫击球图》中戴冠子、大髻方额的淡妆宋
代女子。故宫博物院藏
2 南宋《歌乐图》中的白妆女子。上海博物馆藏

西。水宜造粉"。实际使用时，往往会在米粉、铅粉的基础上，加入蚌
粉、豆粉、草药以及熏香、花汁等各种原料调和配制。福州南宋黄昇墓
中出土了一批妆粉实物，粉压成块状，形状各异，有圆、方、六角、花
瓣形等，表面还压印有四季花卉图案，成分有钙、矽、镁等以及微量的
铅、铁、锰、铝、银等元素。

除了用于修容，有些妆粉还可养颜。两宋时期妇女常用的便有"玉
女桃花粉"。此粉中含有滋养女性气血的益母草成分，"益母草亦名火炊
草"，宜"端午间采"。把鲜益母草晒干，经火煅（即火炊）制成细草
灰，乃是唐人的发明。唐代医典《外台秘要》中称之为"近效则天大圣

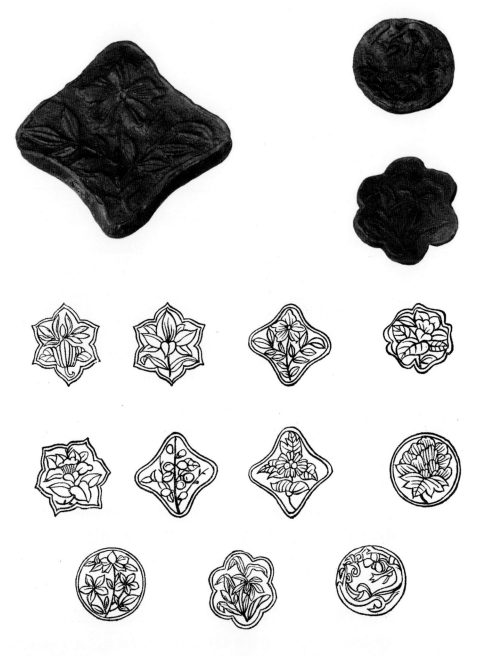

1 2
3
4

1—3　出土于福建省福州市黄昇墓的印花粉块三件（蔡玫
芬．文艺绍兴：南宋艺术与文化·器物卷 [M]. 台北：台北
故宫博物院，2010.）
4　出土于福建省福州市黄昇墓的印花粉块纹饰图（福建
省博物馆．福州南宋黄昇墓 [M]. 北京:文物出版社,1982.）

皇后炼益母草留颜方"。宋代《事林广记》中详细记载了其做法（见本书第203页），这种"玉女桃花粉"没有半点铅粉含量，真真是一种养颜之粉。

宋人涂粉会用"粉扑"。《浩然斋雅谈》中有"还将粉中絮，拥泪不教垂"的描写，并于其后解释粉中絮"即今粉扑也"，也可称为"香绵"，周紫芝有词曰"却寻霜粉扑香绵"。福州南宋黄昇墓中出土的粉扑实物，"扑背用二经绞罗编织成鳞状花瓣，扑身用丝绵制作"。江苏无锡元代钱裕夫妇墓中也出土有类似的丝绸粉扑。

南宋女性发型进一步往紧、小发展，额发、鬓发几乎全部收拢服帖，在脑后梳成一个小髻，髻上一般戴一个小巧的冠子。

两宋女性日常戴冠。日常头冠体量不及礼服冠，代表的地位亦低于前者，所以有时称为"冠子""冠儿"。宋词里常有各种小冠儿、水晶冠子、新样冠儿的描述。《梦粱录》里也回忆了南宋临安的各种"冠子行""冠子铺"以及补洗冠子的业务。宋代许多笔记提及当时女性打扮的等级，戴冠子、穿裙褙者往往是位居中等的打扮。南宋淳熙年间朱熹定冠服之制，"女子在室者冠子、褙子"，把冠子定为妇女日常的标准头饰。

从宋代墓葬壁画、陶俑及传世的绘画看，冠是当时女性头饰最主体的部分。在北宋后期的团圆形基础上，南宋冠子进一步缩小成兰苞形或扁圆形，并转移至脑后，一般为前后两片，整体呈扁矮形，如玉兰花苞。如南宋陈清波《瑶台步月图》中所绘，仕女头上多半戴此式冠子。另有一类小冠，上缘、两侧卷曲，或为"如意冠""朵云冠"一类。

冠子的材质很多，常见的有用漆纱、金银、编竹等做胎，装饰金银、珠宝、铺翠、花朵，用鹿胎、玳瑁、白角、鱼枕等各种高级动物材料也

很流行。虽多次被下诏禁用，但终两宋之世一直难以彻底禁断。冠子造型十分多样，且随时代变迁而迅速改变。有自宫中传出的"内样""宫样"以及各种流行的"时样"和"新样"。

梳、簪、钗、花朵等头饰，多为辅助、围绕冠子插戴。南宋首饰从北宋的大尺寸、装饰较简，往尺寸缩小、装饰精致化、样式繁多发展，形成精巧细工、含蓄的整体形象。这与宋代女性服饰崇尚紧窄修身、身形喜好纤细窄瘦的审美取向以及南宋社会风气的收敛、社会道德观念对于妇女的约束是一致的。

头饰虽然尺寸缩小，但工艺造型更为精巧，从平面錾刻、镂空发展出各种空心立体锤鍱、高浮雕造型，充分使用铺翠、缕金、錾刻、锤鍱等工艺。在精致的院体画风影响下，自然趣味的瓜果花草和楼阁、人物也成为首饰的新题材，带来了浓郁的生活气息。

新样式和新装饰手法层出不穷，出现花筒、连二连三、桥梁式等新式簪钗，常见手法则有錾花、缠丝、竹节、钑花等。多股并联式的多首簪钗独具南宋风格，各式花头簪比如扁簪、花筒簪都可以做成多首簪。

如果要安置更多的花头，甚至可以用十几、数十股钗首连成弧形梁的
"桥梁式"钗，这是宋代首饰的一大特色样式。

南宋陈清波《瑶台步月图》中头戴玉兰花苞冠子的淡
妆女子。故宫博物院藏

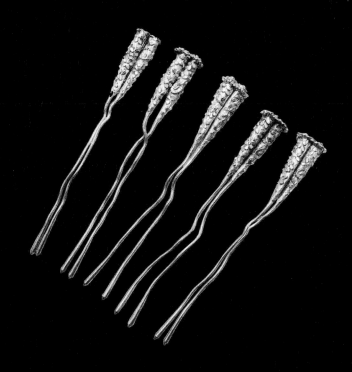

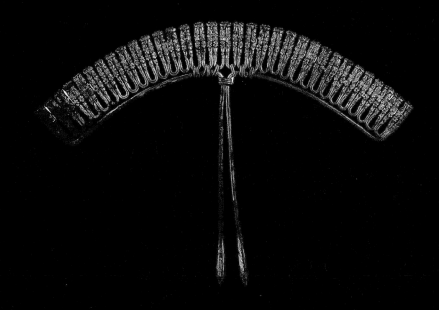

1

2

1 出土于江西省南昌市安义李硕人墓的金并头花筒钗
（扬之水．奢华之色：宋元明金银器研究 [M]. 北京：中华
书局，2010.）

2 出土于江苏省江阴市梁武堰的银鎏金花筒桥梁钗（扬
之水．中国古代金银首饰 [M]. 北京：紫禁城出版社，2014.)

辽、元：少数民族风情

　　宋人对女性的约束到元代愈演愈烈。在二十四史、《列女传》等书籍中提及的守节妇女，《元史》之前不超过 60 人，《宋史》有 55 人，而《元史》竟达 187 人之多。《古今图书集成·闺媛典》的"闺烈""闺节"部分中所载的节烈女子，宋以前总计 187 人，宋代 302 人，而到元代竟达 743 人，超过了元代之前的总和。理学的影响在宋时刚刚发挥作用，到元代以后才在社会上普及起来，并在明清达到极点。所以元代的汉族女性，在妆容修饰上并无多少突破，基本是承袭南宋的素妆风格。缠足在元代汉族中更加盛行。"弓鞋""金莲"等小脚的代名词常见于元人杂剧和词曲之中。元代甚至出现了崇拜小脚的"拜脚狂"。元末的杨铁崖常常在酒席宴上脱下小脚妓女的绣鞋斟酒行令，号称"金莲杯"。重脚不重头的畸形审美在汉族百姓圈中就这样无可奈何地风行开来。

　　与此同时，出身漠北的契丹族、蒙古族女子，多过着逐水草、驰骏马的游牧生活。艰苦险恶的生活环境、流动奔波的生活方式，造就了她们刚健勇武、粗犷豪放的性格，与南方汉女的纤柔瘦弱、慵懒娇羞大相径庭。同时，少数民族的审美也带来了一些特有的妆容造型。在首饰发展上，元代五颜六色的珠宝首饰的大流行也恰是契丹族、蒙古族审美的另一种诠释。

▷ 1
2

1 元周朗《杜秋娘图卷》，此为汉族女子，面妆清淡雅致，蛾眉樱唇，头插大梳、凤簪，戴耳饰。故宫博物院藏
2 刘贯道《元世祖出猎图》中骑马狩猎的蒙古族女子形象，素妆辫发，戴耳钉，丰腴强壮。台北故宫博物院藏

面涂金黄的契丹贵妇

元代汉族女子受宋代旧风潮的影响，妆容多素雅、浅淡。元曲中有"缥缈见梨花淡妆，依稀闻兰麝余香"的咏叹。含蓄内敛的樱桃小口依然流行，元代王实甫在《西厢记》中曾写道："恰便似檀口点樱桃，粉鼻儿倚琼瑶。"这里的"檀口"指的是一种颜色浅红的唇脂。

在与北宋并立的辽代，契丹族妇女有一种非常奇特的面妆，称为"佛妆"。北宋叶隆礼在《契丹国志》中有记载："北妇以黄物涂面如金，谓之佛妆。"这种面妆满脸涂黄，因观之如金佛之面，再加上契丹普遍礼佛崇佛，故称之为"佛妆"。北宋地理学家朱彧的《萍洲可谈》卷二中也载："先公言使北时，见北使耶律家车马来迓，毡车中有妇人，面涂深黄，红眉黑吻，谓之佛妆。"可见与面涂金黄相搭配的还有红色的眉妆和黑色的唇妆，共同构成佛妆，这与汉族审美大异其趣，非常另类。北宋彭汝砺出使辽国，有感于此，专门赋一首极富谐趣的诗《妇人面涂黄而吏告以为瘴疾问云谓佛妆也》，以记此事，诗是这样写的："有女夭夭称细娘，珍珠络臂面涂黄。南人见怪疑为瘴，墨吏矜夸是佛妆。"辽人称有姿色的女子为细娘，他又把辽女的"佛妆"误以为是得了使人脸色蜡黄的"瘴病"，读起来令人忍俊不禁。

宋人庄绰在他辑录轶闻趣事的《鸡肋编》中进一步介绍了这种被南方汉人误认为患有"瘴病"的妇女化妆法："（燕地）其良家士族女子皆髡首，许嫁，方留发。冬月以括蒌涂面，谓之佛妆，但加傅而不洗，至春暖方涤去，久不为风日所侵，故洁白如玉也。"文中提到的括蒌即"栝楼"，是一种藤生植物，其根、果实、果皮、种子皆可入药。宋人唐慎微《证类本草》"栝楼"条谓其有"悦泽人面"的功效。唐代本草学家日华子在《日华子诸家本草》说栝楼子可"润心肺，疗手面皲"，栝楼根则有治疗疮疖、生肌长肉的作用。总之，栝蒌有治疗皮肤皲裂、冻疮的功效。可以说，"佛妆"是契丹贵族女性在冬季和初春季节独特的美容术，兼具保养护肤和美容妆饰功用。佛妆粉的主要原料是栝楼提取物，将之涂抹在脸上，形成一种黄色的保护膜，直到春天暖和时方才洗去，类似于今天的免洗面膜。因北地冬季严寒且多风沙，脸上加敷此物可抵御沙尘风雪对皮肤的伤害，经过整整一冬的保养，春暖花开时节再洗掉这层面膜时，皮肤便可"洁白如玉"。"夏至年年进粉囊，时新花样尽涂黄。中官领得牛鱼鳔，散入诸宫作佛妆。"对契丹女性来说，南国的胭脂粉黛比较适合夏天，却不能满足她们冬日的需求，她们对具有保养作用的护肤用品需求更为迫切，这使得宫中来自江南的女性也不得不入乡随俗进行效仿："也爱涂黄学佛妆，芳仪花貌比王嫱。如何北地胭脂色，不及南都粉黛香。"

总之，作为契丹贵族妇女冬季独特的美容护肤术，"佛妆"既是辽国严酷的地理环境、气候特点及其独特的生产生活方式下的产物，具有护肤美容的实用效果，也与契丹人崇佛、礼佛的浓厚宗教文化氛围密切相关。

一字平眉的元代蒙古皇后

元代民间汉人所画眉式基本承袭宋制，多为清淡雅致的蛾眉、远山眉等。记录元代社会风情的《三风十衍记》云："窈窕少女，往来如织，摩肩蹑踵，混杂人群，恬不为怪，然不事艳妆色服，淡扫蛾眉，以相矜

▷
契丹佛妆复原。模特：李依洋；化妆造型：李依洋；摄影：文华（泰岩摄影）

尚而已。"元曲中也有描写"如望远山"的远山眉的句子："今古别离难，蹙损了蛾眉远山。"另外，元代也有中间宽阔，两头尖细，形似柳叶的柳叶眉。元代杨维桢《冶春口号》中便有"湖上女儿柳叶眉，春来能唱黄莺儿"之句。

元代后妃的眉式颇具特色，据历代帝后像中所绘的诸多蒙古族皇后肖像来看，蒙古族女子大多脸形圆润，身形丰满，面部脂粉并无特别之处，也不施面花，非常自然素朴。但所有肖像，不分年代先后，均画"一"字平眉。这种眉式不仅细长，而且极其平直，大约取其端庄之态。皇后头戴蒙古族特有的姑姑冠，冠上垂挂以珍珠为主的华丽珠串，耳上是宝石耳饰，身上则穿交领大红织金锦袍服，珠光宝气，有着大漠独特的华美。

珠光宝气与简单发型

中国古代首饰发展历程中，元代是一个转折。元代之前，中国首饰主要以牙玉骨角与金银打造，珠宝镶嵌只是陪衬。但从元代开始，大量镶嵌大颗珠宝的金银首饰开始在贵族当中流行，并在后来的明清两朝达到极盛。当时的蒙古贵族，不论男女，均喜爱身穿金光灿烂的织金锦袍，头戴珠光宝气的耳环头饰，一派少数民族特有的斑斓景象。

元代贵族之所以崇尚珠宝，和蒙古铁骑横扫亚欧大陆有直接的关系。蒙古铁骑的西征虽然给中亚、西亚、东欧的各国人民带来了灾难，但客观上打通了东西方的贸易壁垒，促进了东西方文化、贸易的交流。贸易的往来首先影响的是贵族阶层，通商、进贡甚至是抢掠来的各地奇

元顺宗皇后像，画中人物画一字平眉，
头戴姑姑冠。台北故宫博物院藏

1
2

1　山西省临汾市洪洞县广胜寺水神庙明应王殿元代壁画
《园林梳妆图》中画蛾眉、眉心点花钿的女性形象（赵学
梅 . 唐风宋雨：山西晋城国宝青莲寺、玉皇庙彩塑赏析 [M].
北京：商务印书馆，2011.）
2　出土于江苏省苏州市吴门桥张士诚父母墓的元代银镀
金葵花形妆奁及化妆器具一套，通高 24.3 厘米。苏州博
物馆藏

珍汇集于蒙古贵族之手。这种影响自然在他们的服饰上有所展现，不仅衣料要用织入金丝的织金锦和珍贵皮毛，还必加些金珠宝石。照《马可·波罗游记》所述，元统治者每年举行大朝会十三次，统治者和约一万二千名达官贵人出席，他们参加集会时，必分节令穿统一颜色的金锦质孙服，满身珠宝均由政府发放。元代贵族佩戴的宝石也种类繁多。不仅贵重，有许多还是海外各国来的，称为"回回石头"。仅《南村辍耕录》记载的宝石，红的计四种，绿的计三种，各色鸦鹘（即刚玉宝石）计七种，猫睛二种，甸子三种，各有不同名称、出处。统治者如此，上行下效，元代的时风自然也会受影响，人们大多喜爱黄金制品，尤其注重宝石镶嵌，追求一种金碧辉煌、珠光宝气的效果。

元代蒙古贵族的珠宝首饰主要为帽饰和耳饰。男子有珠玉帽顶，耳戴"一珠环"；女子则戴长如小腿的姑姑冠，首饰主要集中在姑姑冠周边，颈部、前胸并无厚重繁杂的装饰，耳部有珠宝耳饰与冠戴相辉映。意大利方济各会传教士鄂多立克的《东游录》一书中有对姑姑冠非常形象的描述："已婚者头上戴着状似人腿的东西，高为一腕半，在那腿顶有些鹤羽，整个腿缀有大珠；若全世界有精美大珠，准在那些妇女的头饰上。"姑姑冠是一种非常不方便的冠饰，高二尺，其上羽毛又尺许，坐在车上，恐颠簸有误，得拔下来交给侍婢拿着。正由于此，元亡之

《缂丝大威德金刚曼陀罗》中的元代皇后坐像，图中二人头戴姑姑冠，画一字平眉，两耳戴大塔形葫芦环，身穿织金锦袍。美国大都会艺术博物馆藏

后，姑姑冠便成了一个徒留后人追忆的历史名词。

汉妆女子如宋女一样，日常生活中常用到的首饰主要包括钿、钗、簪、镯、梳、耳坠等物。装饰纹样和造型多为禽鸟、瑞兽、卷草、花卉之类，人物类的纹样是其中最精巧的一类。

对比于华丽的珠宝首饰，契丹族、蒙古族女性的发型则要朴素得多。游牧民族常年生活于塞外，风沙猛烈，水源不足，发型一要易于清洁，二要便于戴帽，因此髡发（即剃去一部分头发）和辫发是最优选择。

据文献记载和考古资料，辽代契丹人不论男女，均有髡发习俗。契丹女子未出嫁时髡发，出嫁后则开始蓄发，一般多作高髻或双髻式螺

○ 1
  2

1 元文宗像，图中人物头戴宝顶笠帽，耳戴"一珠环"。台北故宫博物院藏
2 元世祖皇后像，图中人物头戴姑姑冠、描一字平眉。台北故宫博物院藏
◁
内蒙古自治区包头市美岱召大雄宝殿明代壁画中的蒙古贵妇像，图中人物头戴笠帽，身挂璎珞。美岱召壁画虽是明代所绘，但其上所展示的蒙古贵族服饰与珠宝佩戴的基本模式是从元代一脉相承而来（张海斌.美岱召壁画与彩绘 [M]. 北京：文物出版社，2010.）

髻，有身份者才可以头巾包头，外出则常戴巾帽保暖防风。

元代蒙古族妇女多椎髻，少女多梳辫。前者见于赤峰等地出土的许多壁画，后者有陕西户县出土的大量元俑可证。明叶子奇《草木子》云："其发或辫，或打纱练椎，庶民则椎髻。"可知妇女与其他平民均为椎髻。建于明代的包头市美岱召壁画上也有蒙古族已婚妇女发分二辫下垂，并用发袋装饰成圭状的造型。明代萧大亨的《夷俗记》有记载："若妇女字初生时业已留发，长则以小辫十数披于前后左右，必待嫁时见公姑方分为二辫，未则结为二椎，垂于两耳。"这种发式延续到了清代依然如此。

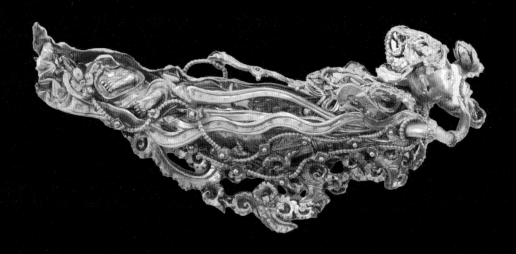

1
2

1　菱纹地四瓣团花纹织金锦姑姑冠。王季迁旧藏，
现为私人收藏

2　元代镂空飞天金饰。美国弗利尔美术馆藏

○1

2

1　内蒙古自治区通辽市库伦旗辽墓 M1 壁画中戴巾帽、梳髻的契丹女性（孙建华 . 内蒙古辽代壁画 [M]. 北京：文物出版社，2009.）

2　内蒙古自治区赤峰市宁家营子壁画墓中的蒙元《夫妻端坐图》，夫人头顶盘髻，后面所立侍女则为辫发（《中国墓室壁画全集》编辑委员会. 中国墓室壁画全集 3 · 宋辽金元 [M]. 石家庄：河北教育出版社，2011.）

◁

河北省张家口市宣化区下八里村辽墓 M5 壁画中的契丹髡发女童和包头巾的成年女性（《中国墓室壁画全集》编辑委员会 . 中国墓室壁画全集 3 · 宋辽金元 [M]. 石家庄：河北教育出版社，2011.）

内蒙古自治区包头市美岱召大雄宝殿明代壁画《蒙古乐伎像》，人物多头戴笠帽，女发分二辫下垂装入圭状发袋（张海斌．美岱召壁画与彩绘 [M]．北京：文物出版社，2010.）

《事林广记》记载的「画眉集香圆」制作方法

用真麻油灯一盏，多着灯心搓紧，将油盏置器水中焚之，覆以小器，令烟凝上，随得扫下。预于三日前，用脑麝别浸少油，倾入烟内和匀，搓成丸。其黑可逾漆。一法旋煎麻油灯花用，尤佳。

---

1. 准备麻油灯一盏，取长灯芯一根，搓紧；

2. 点燃灯芯，取一小口器物覆盖于灯芯上，使灯芯燃烧产生的烟灰凝结于器物内壁；

3. 轻轻扫下烟灰；

4. 另取龙脑或麝香等香料，浸少量油，倒入烟灰内拌匀，搓成丸晾干。

《事林广记》记载的「玉女桃花粉」制作方法

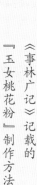

玉女桃花粉：益母草……茎如麻，而叶小，开紫花。端午间采晒烧灰，用稠米饮搜团如鹅卵大，熟炭火煅一伏时，火勿令焰，取出捣碎再搜炼两次。每十两别煅石膏二两，滑石、蚌粉各一两，胭脂一钱，共碎为末，同壳麝一枚入器收之。能去风刺，滑肌肉，消斑䵟，驻姿容，甚妙。

---

1. 准备益母草；

2. 熬米粥至黏稠，取浮于上层的黏稠液体，即稠米饮；

3. 端午间采晒烧灰，用稠米饮搜团如鹅卵大；

4. 用烧熟的木炭煅烧一昼夜，注意不要让木炭起火；

5. 每十两加石膏二两，滑石、蚌粉各一两，胭脂一钱，二次煅烧；

6. 将丸子捣为细粉，即成。

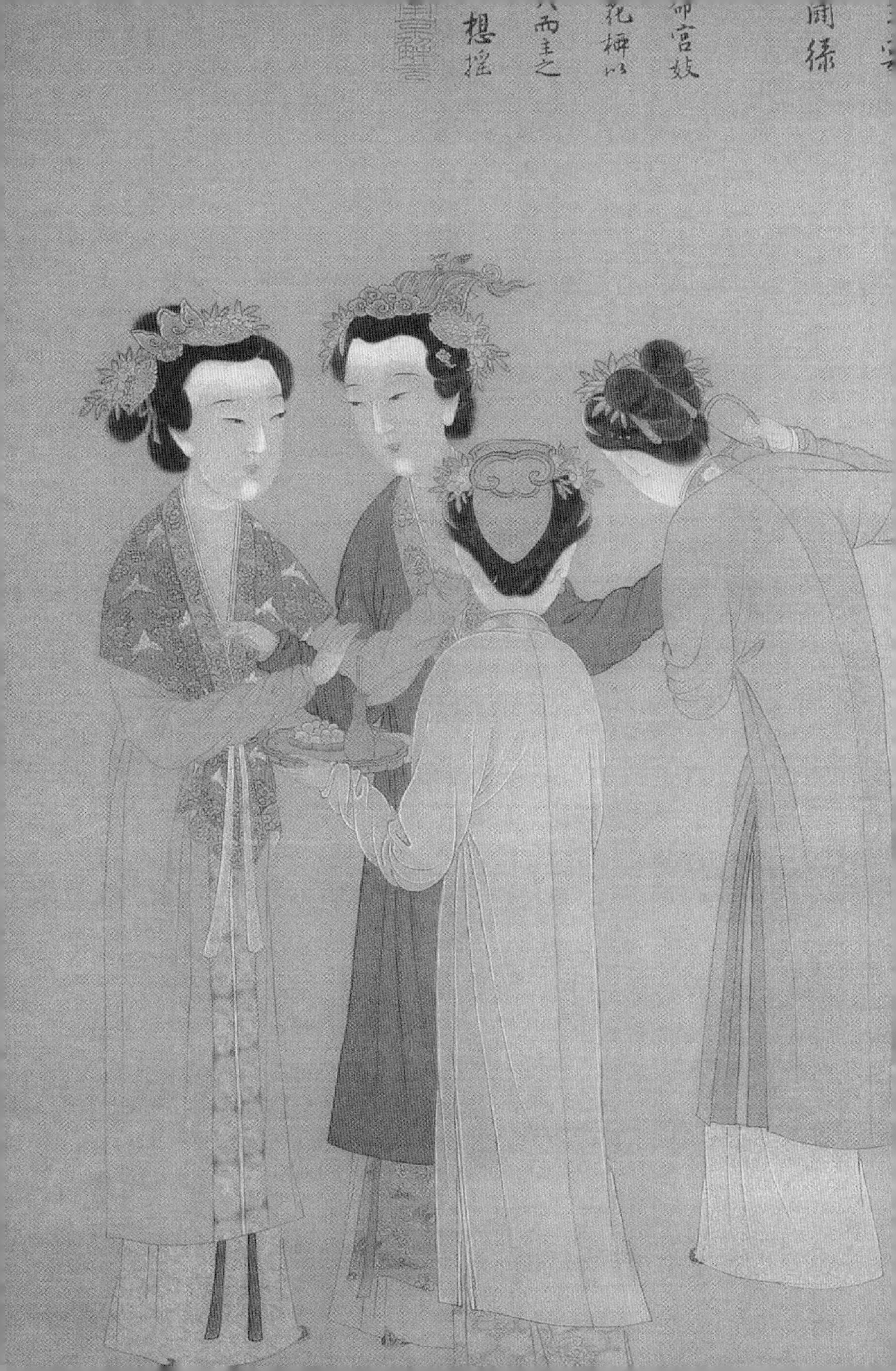

宮妓
花柳以
而主之
想搖

第五章

融合

明：端庄典雅

清：满汉交融

明：端庄典雅[*]

* 本节作者：陈诗宇，
古方妆品增补：李芽

中国文化发展到明代，出现了分化。

一方面，明朝是中国封建王朝政治独裁的开始。明太祖朱元璋晚年极为多疑，废宰相，亲自掌管六部，开启了一直延续到清代的极端君主专制集权的统治。在思想文化领域，明代开文字狱先例，以严刑酷法钳制人们的思想与言论，在此后的明清帝国持续近六百年，对社会产生了极为恶劣的影响。

儒家把齐家、治国、平天下看得同等重要。"皇帝要臣子尽忠，男人便愈要女子守节"[*]，两者是同样道理。明代对女性的束缚愈发严酷，可以说是最积极颂扬贞节的时代。朱元璋登上皇位不久，即把表彰妇女贞节当作维护其封建专制制度的大事来抓。他于洪武元年下达诏令："民间寡妇，三十以前夫亡守制，五十以后不改节者，旌表门闾，除免本家徭役。"（《大明会典》）不久，又"著为规条，巡方督学，岁上其事。大者赐祠祀，次亦树坊表"（《明史》）。巡方督学每年都将地方上的节烈妇女上报朝廷，朝廷便按照守节的程度给予封赏，包括赐祠祀、树贞节牌坊等。在朝廷的大力表彰下，妇女守节不仅是个人的荣耀，而且会给家族带来光荣，还有"免除差役"的实际利益，于是寡妇即使自己不愿意守节，也会受到家族逼迫。同时，统治阶级大造社会舆论，把妇女贞烈与宗教迷信联系起来，制造出许多守节感天、因果报应的神话。这就使

* 鲁迅·坟[M]·北京：
人民文学出版社，2006.

得明代女性的生存处境愈发艰难，妆容脂粉自然也愈发素净起来，端庄恭俭、低眉顺眼成了此时体面女性的不二选择。

另一方面，哪里有压迫，哪里就有反抗。当社会道德压抑达到极致，人性就会出现很大的挣扎和反弹。于是，在明代中后期，"心学美学"出现了，这是以"阳明心学"与"心学异端"为思想基础，一反宋儒"存天理、灭人欲"人性二重论的崭新的美学思潮。阳明心学反对把道德本体建树在客观的"理世界"中，而提倡将之建树在人的心灵中，提出"心即理"的观点，将人的道德理性和自然感性联系起来，使得伦理和心理交融为一体。阳明后学更是将宋儒天理与人欲的对立通过"复古以革新"的策略置换为更包容的"人欲亦是天理"，"私"与"欲"的观念由此被肯定。道德理性法则一旦让位于自然感性欲求，群体秩序就开始让位于个体自由，圣贤世界就开始让位于平民世界，"理"的禁制开始让位于"欲"的满足。因此，在明代后期，"情理"的堤防遭到冲击，"情欲"的旗帜冉冉升起。从情到欲，以欲激情，不仅是艺术家所热衷表现的主题，也是思想家开始论证的命题，不仅是活跃于意识形态的新思潮，也是弥漫于社会习俗的新风尚。这种思潮表现在妆饰文化领域，最明显的就是大批"拜脚狂"的出现以及繁缛头面首饰的泛滥。

端庄的命妇装扮

明代一方面通过礼服首饰来"辨尊卑等级之分"，维护封建统治，在其形制、材质、数量等方面都有非常严格的制度规定，原则上不允许僭越，实现"贵贱之别，望而知之"；另一方面，在各种吉庆场合和日常

○
明孝恭章皇后像，人物戴龙凤珠翠冠，穿常服，戴葫芦耳
环，妆面素雅。台北故宫博物院藏
▷1 2
1　明孝洁肃皇后像，人物戴双凤翊龙冠，穿常服，戴八珠
环，妆面素雅，只妆下唇。台北故宫博物院藏
2　明孝和皇后像，人物戴最隆重的礼服冠，穿翟衣，戴
梅花环，妆面素净。台北故宫博物院藏

生活中则没有过多的制度约束，种类繁多、工艺复杂的头面首饰，成为明代装扮的一大亮点。

因此，明代女子在装扮上的特点就是审美重点从发髻转移到首饰。已婚女子的发髻大多罩在一种编制的金属"鬏髻"里面，发髻本身不再有什么花样，所有的风景都集中附着于鬏髻的簪钗插戴上。簪钗包括分心、挑心、顶簪、满冠、掩鬓等，珠光宝气，雍容华贵，有一套固定的插戴程式。

明代女子的妆面则与头饰的繁缛形成巨大的反差，极尽简化，以端庄典雅、轻描淡写为主流。究其原因，大约妆容体现的是人欲的克制，而首饰彰显的则是家族的显贵吧。一个为己，一个示人，自然标准有所不同。

"命妇"泛指有诰命封号的妇人，宫中皇家女眷称内命妇，外廷官员妻母称外命妇。明初洪武年间初步制定了系统的命妇服饰制度，之后又有多次修订。大体上妇随夫阶，隆重的礼服采用红大衫、霞帔、翟冠，更常用的吉服和常服多使用大红色圆领，饰以本品纹样，内穿长袄、长

裙，头戴翟冠或成套的金银鬏髻头面。流传下来的大量命妇容像显示，这是明代命妇最常见的正式装扮。

明代妆容的整体风气延续宋代汉族传统，以浅淡清雅为美，少有浓烈奇异的妆面。后妃、命妇妆容更是如此，中老年命妇甚至接近素颜。从明代皇室画像中，可以看到身着礼服、常服的后妃们，大体上额头、鼻梁、下巴施以白粉，自眉下至脸颊浅涂胭脂。唇形依然以小为美，或仅涂下唇，或比原唇略小。虽然在制度记载中珠翠面花依然存在，但从画像上看，明代后妃命妇基本已不再使用宋代常见的珠翠宝靥了。相比宋代，明代上层女性脸上更为素净，表情更为恭谨。

在眉妆上，明代女性迎合男性的审美喜好，尚秀美而求媚态。明代小说家冯梦龙笔下的杜十娘，便是"两弯眉画远山青，一对眼明秋水润"。兰陵笑笑生笔下的潘金莲也是"翠弯弯的新月的眉儿"。女子所画眉形大多纤细弯曲，仅有长短深浅的变化，虽不免单调，却特别能够衬托出女性的柔美与妩媚。

明代妇女画眉的材料除去前面所讲的螺子黛、画眉集香圆等高档画

明唐寅《嫦娥执桂图》（局部），画中人物八字眉，丹凤眼，鹅蛋脸，杏唇微启，云鬓微斜，这是明代文人心目中完美的女性形象。美国大都会艺术博物馆藏

山西省太原市晋祠明代彩塑侍女，蛾眉凤眼，面如满月。摄影：
陈剑

213

眉墨，还有一种价更廉、用更广的修饰材料——杉木炭末。明代张萱在《疑耀》中论周静帝时的黄眉墨妆时，曾连带说到明代的风尚："墨妆即黛。今妇人以杉木炭研末抹额，即其制也。……一说黑粉亦以饰眉。"

明代妇人流行头戴鬏髻。明万历姚旅《露书》中说"妇人戴鬏髻，天下同然"。"鬏髻"有时也写作"狄髻""发鼓"，可以用头发、马尾、篾丝或者金银丝编成，其上还会覆盖黑纱，如《西游记》里说的"时样鬏髻皂纱漫"。模拟发髻效果的鬏髻，罩在头顶的真发髻上，使发髻形态能保持周正稳定，并且便于支撑插戴各种头面。对于需要插戴大量首饰的命妇来说，这是不可或缺的基础头饰。

鬏髻最早有可能指的是以头发梳成的某种发髻或假发，后来成为编织的假发罩。宋代文献中可见"特髻"一词，是除了冠子以外的常用头饰；元代开始出现"鬏髻"的称呼，元杂剧中的"油掠的鬏髻儿光""梳个霜雪般白鬏髻"，应是用头发做成。到了明代，女子着鬏髻的动作已被很明确地描述为"戴"和"编"，可见鬏髻已经变成一种经编织后戴在头顶的头饰。

《金瓶梅》中，鬏髻是几位女性角色头上经常出现的物件，日常可用、节庆可用，便服可用、吉服也可用，但材质上有差别，也是身份的象征。第二回潘金莲登场，便是"头上戴着黑油油头发鬏髻"，用的是一种用头发编成的日常鬏髻。稍富贵人家会用"银丝鬏髻"，以及更贵重的"金丝鬏髻"。第二十五回，宋惠莲说："你许我编鬏髻，怎的还不替我编，恁时候不戴，到几时戴？只教我成日戴这头发壳子。"西门庆回："不打紧，到明日将八两银子往银匠家，替你拔丝去。"用八两银子给她打造了一顶银鬏髻。我们看不少明代命妇画像，身穿简便的袄裙或相对正式的圆领补服的，大多头戴鬏髻。在较为隆重的场合，鬏髻上还可插戴一对口衔珠结的金翟或金凤簪，装饰成翟冠。

鬏髻最常见的形态是尖锥状，明成化《元宵行乐图》中的嫔妃宫人，全部都头戴尖锥鬏髻，这是明前中期非常常见的样式。随着时代变化，鬏髻还发展出了各种形态，新样、时样层出不穷。明中后期有圆顶、后倒甚至扭心后卷的样式，"时样扭心鬏髻儿"（《金瓶梅》）；也有仿造梁冠样式，"妇人鬏髻或比照梁冠式样"（明吕坤《呻吟语》），为了插戴首饰方便，前后两侧还会有各种孔眼。明代墓葬中已发现许多样式的鬏髻，北方宫廷的定陵后妃墓、各地藩王墓、江南诸多明代官宦女眷墓葬中均有发现。

鬏髻上还要插戴各种各样的簪钗首饰，即"头面"。"头面"一词宋元已有，明代头面的样式很多，并且形成了一套相对固定的插戴位置和称谓。嘉靖年间抄没严嵩家产的登记账目《天水冰山录》中，首饰项根据材质和主题成"副"开列，一副从七八件到十八九件不等，名目种类包括头箍围髻、耳环耳坠、花顶簪等。《金瓶梅》描述女性角色装扮时，也一一罗列头上插戴的头面。明范濂《云间据目抄》曾提："妇人头髻……顶用宝花，谓之挑心，两边用捧鬓，后用满冠倒插，两耳用宝嵌大镮。"从各种笔记、小说、文献描述看，明代常用头面包括"分心""挑心""满冠""掩鬓""钿儿"等品种。中戴分心，顶插挑心，前沿钿儿，后有满冠，左右掩鬓压发……前后左右，几乎把鬏髻装饰得满满当当。

"分心"应是正中插戴的簪子大体呈水滴形或心形，通常簪脚朝上，在《金瓶梅》中屡屡出现，"正面戴的金镶玉观音满池娇分心""正面关着一件金蟾蜍分心"说明了它的插戴位置。由于在正面插戴，装饰题材常常会是端庄的观音、南极仙翁等神佛，比如明代肃王妃熊氏的一件金累丝嵌珠镶白玉送子观音满池娇分心。梵文、汉字以及凤鸟、动物题材

1 2
3 4

1　唐白云夫人容像（局部），画中人物戴金丝䯼髻、金宝葫芦耳环，素颜。槐塘唐氏家祠旧藏

2　明万历《夫妇像轴》（局部），图中女子在金䯼髻上加了一对衔有珠结的金凤簪，耳饰金灯笼耳环，繁缛的首饰和素净的妆面形成鲜明的对比。故宫博物院藏

3　头戴装饰成翟冠的䯼髻、耳戴葫芦耳环的明代命妇。加拿大皇家安大略博物馆藏

4　明倪仁吉《吴氏先祖图册》（局部），画中人物戴金丝䯼髻。义乌博物馆藏

也很常见。

从鬏髻顶部自上而下插戴的一支宝花顶的大簪子，是"顶用宝花"的"挑心"，簪脚大多宽扁、有一定弧度。鬏髻后还会戴一种向前抱合的首饰，就是"满冠"，中间高，两侧低，造型如山峦一般；鬏髻正面口沿处还有"钿儿"，是由一排小花饰组成的弧形首饰；两鬓会各插"掩鬓"，或称"捧鬓"，"掩鬓，或作云形，或作团花形，插于两鬓"（明顾起元《客座赘语》），有时还会插戴若干草虫花簪。

华丽的侍女装扮

明中期以后，随着心学的发展和商品经济的繁荣，富家大贾也不再囿于礼制的约束，开始追求"绮靡之服，金珠之饰"（明赵国宣《茶陵州志》）。普通男女僭越礼制穿起华服，仆人婢女也衣饰鲜丽，"争尚华丽"（明范濂《云间据目抄》），使女们浓妆艳抹，面贴珠翠面花，头挽髻鬟、珠箍，身穿大红妆花袄儿、青比甲。就如叶梦珠在《阅世编·内装》所说："寝淫至于明末，担石之家非绣衣大红不服，婢女出使非大红里衣不华。"

细看大量的明代传世命妇肖像画，我们会发现一个现象——作为主要角色的夫人通常妆面较庄重浅淡，或仅施涂白粉和点下唇，或几乎不上妆，但立于一旁捧物侍奉的婢女，往往浓妆华饰，甚于主人。侍女通常是未成年少女，作为富贵之家的门面，更需令人赏心悦目的靓妆鲜服，才可彰显主人的地位和财力。

从肖像中可知，明代婢女常常以"三白法"涂抹脂粉。所谓"三白

1

2

3

1 出土于上海市李惠利中学明墓的银丝鬏髻与金草虫簪
（何继英．上海明墓 [M]．北京：文物出版社，2009．）
2—3 出土于浙江省嘉兴市王店李家坟明墓的鬏髻头面。
嘉兴博物馆藏

法"，原是指绘画创作时在人物的额、鼻、下颏三处用较厚的白粉染出，在唐代便已有之。它既能表现人物面部的三个高光部分，又能表现古代妇女施朱粉的化妆效果，人物画只是在摹写现实人物形象时，提炼了这种视觉感受。

明代还有一种以紫铆染绵而制成的胭脂，名为"胡胭脂"，最早在唐代王焘的《外台秘要》中有记载。《古今图书集成》中有："紫铆，音矿。又名赤胶，紫梗。此物色紫，状如矿石，破开乃红，故名。……是蚁运土上于树端作巢，蚁壤得雨露凝结而成紫铆。昆仑出者善，波斯次之。……紫铆出南番。乃细虫如蚁、虱，缘树枝造成……今吴人用造胭脂。"所谓紫铆，是一种细如蚁虱的昆虫——紫胶虫的分泌物。紫胶虫寄生于多种树木，分泌物呈紫红色，以此制成的染色剂品质极佳，制成胭脂也属上品。明代《天工开物》中也有一段类似的记载："燕脂，古造法以紫铆染绵者为上……"这里的"以紫铆染绵者"也是指此。由此可见，中国古人制作胭脂，从最早的矿物（朱砂），到后来的植物（红蓝花、玫瑰等），再到采用动物的分泌物，真可谓囊天地之精华！

明代婢女有时还会在面上贴饰更加华丽的珠翠"面花儿"。故宫博物院收藏的一幅明代中后期肖像中的婢女，弯弯细眉，粉面朱唇，在唇角、下巴和两眉梢眼角处各贴饰一枚珍珠，额头上则有一朵花形的珠翠花。此类面花延续了唐宋的花钿、珠钿传统，在明代是上下通用的女性妆饰。明初永乐制度里，后妃面饰里有"面花"一项，根据等级不同数目不一，皇后为"珠翠面花五事"，妃则是"面花二"。元明散曲里也时有关于"面花儿"的描写，"做一个面花儿贴在额头""做一个面花儿铺翠缕金描，欢喜时贴脸上，烦恼时贴眉梢"，可见面花儿可以贴在额头、眉梢、脸上。《金瓶梅》中的女子个个都是面花爱好者。潘金莲"粉面

○
唐寅《孟蜀宫妓图》中的三白妆女子。故宫博物院藏
▷
明代中宫、东宫妃的珠翠面花儿和珠排环（《明宫冠服仪仗
图》整理编辑委员会. 明宫冠服仪仗图（冠服卷二）[M].
北京：燕山出版社，2015.）

颊上贴着三个翠面花儿，越显出粉面油头，朱唇皓齿"，宋惠莲也是"额角上贴着飞金并面花儿，金灯笼坠子"，同侍一夫的李瓶儿自然不会甘拜下风，也是"粉面宜贴翠花钿，湘裙越显红鸳小"。

明代的面花材质有珍珠、铺翠、金丝和综合的珠翠面花几种，数量从一对到三、五、六枚不等，可以贴在嘴角、下巴、眉梢、眼角、太阳穴、额头等处。

明代侍女最常见的发型是单鬟髻。古时未成年人常梳鬟髻，又叫鬟角，有"双鬟髻""脑后鬟髻"等几种。婢女多是女童或少女，年纪较小者会在两侧各梳一鬟髻；年龄稍长的婢女一般将头发梳成辫，再在头顶绾成鬟，也称鬟髻，用红发带系扎，发带的垂角还会缀以金银饰。明代杂剧所附"穿关"（即登场人物穿戴打扮说明）中有一种"梅香套装"，梅香即使女，她们的标准装扮便是"鬟髻、箍儿"。肖像画里的侍女几乎也都在头顶做单鬟髻。

以红发带绾好鬟髻后，再插戴各种饰品。鬟髻上有时插金银钗，或套一金银小冠饰。额上扎一圈抹额、发箍，尤其喜用珠络、宝石装饰的

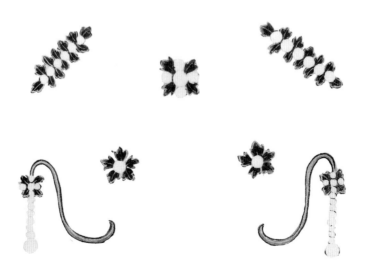

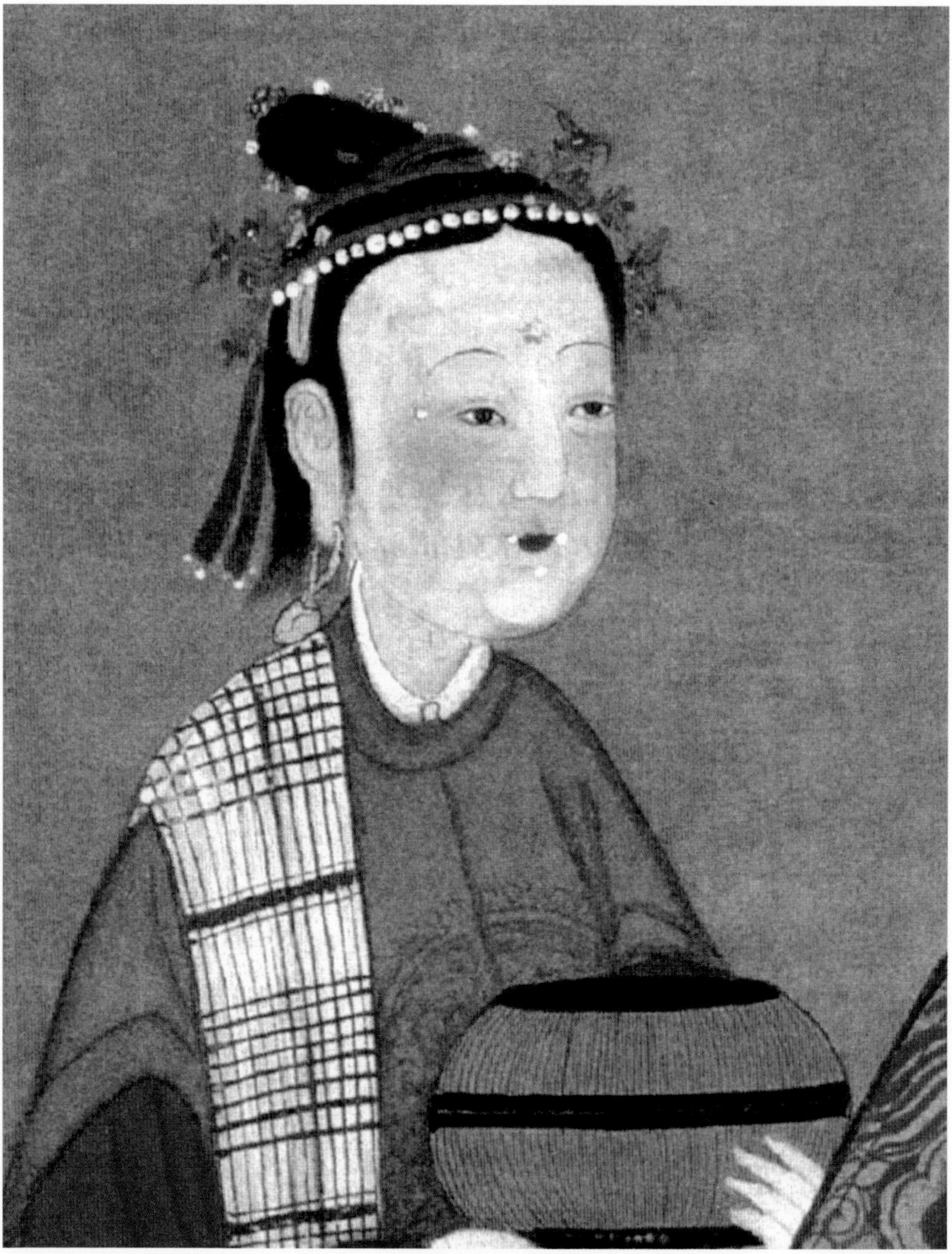

明代肖像画中贴珠翠面花的侍女。故宫博物院藏

"珠箍"，鬓边还会插鲜花或绢花，虽不像命妇头面般隆重，但更显活泼俏丽。

明代女童也剃发，到少女时期开始留发，但成年前不会收拢头发正式梳髻，所以除了鬏髻以外，其余头发包括额前、两鬓、脑后部分则自然披散，有时还会有刘海。"长头才覆额，分角渐垂肩"（明路德延《小儿诗》），垂发是区别成年与否的重要标志。

明代侍女有相对固定的着装，最典型的就是"比甲""背心"。"穿关"里头的梅香套装，即侍女服饰，一般是"珠箍、比甲、袄儿、裙儿、布袜、鞋"，从画像上看，绝大多数的侍女都在外套一件无袖对襟圆领比甲，颜色以青色、绿色为主。清代讽刺明末生活的话本《鸳鸯针》里有"头挽乌丝，面涂红粉，身着青衣……高底红鞋，半臂非新非旧，镶边绢面。虽不是玉楼上第一佳人，却也算香阁中无双使女"，青衣半臂，正是使女的标志性打扮。衣裙红、绿、粉、藕荷、蓝各色不拘，其中又以鲜艳的大红色为多。有些侍女还会身穿使用高级的织金妆花通袖织造的衣裙。"非大红里衣不华"，婢女穿着鲜艳华丽的大红衣，也是明代潮流。

牌坊要大，金莲要小

明代社会对女子面妆的要求是简约、清淡，但对缠足的要求却是有史以来最为严苛的。缠足陋习源于五代，经宋元发展，至明清达到鼎盛。小脚对当时男人的吸引程度是今人难以理解的。在明清时期，小脚甚至被当作性对象的替代物，并异化为性器官的外延。当时的封建文人

对小脚的把玩与琢磨可谓到了"登峰造极"的地步，而且不惜付诸文字，公之于众，将其作为一种学问来百般切磋玩味。明清甚至出现了一大批专门论述小脚文化的著作，其间的肉麻与龌龊之情至今读来依然让人瞠目。此时的缠足实际上已经脱离了束缚女子行动的本意，而成了满足男子感官欲求的一种工具。"金莲要小"成了明清时代女性形体美的首要条件、第一标准。

明代胡应麟指出："宋初妇人尚多不缠足者，盖至明代而诗词曲剧，无不以此为言，于今而极。至足之弓小，今五尺童子咸知艳羡。"而且，明代还形成了妇女以缠足为贵、不缠足为贱的社会舆论。《万历野获编》中记载浙东丐户"男不许读书，女不许裹足"，说明缠足在当时已有门户标准，从事杂役的"丐户"女性是没有资格缠足的。在明朝的皇宫，上至皇后，下到宫女，无不缠足。崇祯皇帝的田贵妃因脚恰如三寸雀头，纤瘦而娇小，深得崇祯喜爱。明代宫中在民间选美，不仅要看候选人是否端庄貌美，还会要求其当场脱鞋验脚，看其是否缠足，是否缠得周正有形，然后才能决定是否留在宫中。

伴随着小脚的流行狂潮，一种特殊"选美"活动也应运而生。这便是明清特色的"赛脚会"。所谓赛脚会，实际上就是我国北方一些缠足盛行地区的小脚妇女利用庙会、旧历节日或者集日游人众多的机会，互相比赛小脚的一种畸形"选美"活动。其中，属有"小脚甲天下"之美誉的山西大同赛脚会最为出名。

相传大同的赛脚会始于明代正德年间（公元1506年—公元1521年），几乎每次庙会都要举行，多以阴历六月初六这日最为盛大。每到这一日，自认有可能在赛脚会上夺魁的小脚妇女便只睡上三四个小时，早早起床对镜梳妆，浓妆艳抹、珠翠满头，有钱人家的女子还要熏香沐

◁
明代富家侍女妆容复原，脸饰面花，梳单鬟髻，身穿红衣青比甲。模特：莲漪；梳妆：迦陵千叶；考证：陈诗宇；摄影：吴西羽

浴。其间最重要的是修饰自己的小脚,穿上最华贵时髦的绣袜和绣鞋,尔后赶至庙会,将一双小脚展露于人。这时,一些青年男子便到女士丛中,观看妇女的小脚,品评比较,挑选出优胜者数人。而后,再将初选者集中起来,进行复选,最后公决第一名称"王",第二名称"霸",第三名称"后"。此时,当选者欢呼雀跃,以此为生平莫大荣幸。他们的父兄或丈夫也十分高兴,皆以为荣。评比完毕,王、霸、后三位小脚女人便坐在指定的椅子上,一任众人观摩其纤足。但接受观摩的仅限纤足,若有趁机偷窥容貌者,则会被认为居心不良、意图不轨而惹起众怒,被赶出会场,永不许再参加赛脚会。也有大胆而获胜心切之女子,为争宠夺魁索性裸足晾脚,畸形毕显,直闹得观客云集,人头攒动,成为庙会上引人瞩目的焦点。在观看小脚之际,一些青年男子还会将一束束凤仙花掷向这三位小脚女郎。三位一一接受,散会后,便"采凤仙花捣汁,加明矾和之,敷于足上,加麝香紧紧裹之",待到第二天,则全足尽赤,"纤小如红菱,愈觉娇艳可爱"。

当然,除了山西大同,古代其他地区的赛脚会也很隆重,山西运城、河北宣化、广西横州、内蒙古丰镇都有不同形式的赛脚会。另外,在云南通海还有"洗足大会",甘肃兰州还有"晒腿节"等,实际上,都是赛脚会的变相。

明唐寅《陶谷赠词图》中的小脚女子。台北故宫博物院藏

清：满汉交融

　　清代是我国东北的少数民族——满族建立的封建朝代，也是中国历史上最后一个大一统的封建王朝。满族尚武，且以游牧生活方式为主，靠军队的精武和善战打下了江山。因此，清朝统治者在建国之初就意识到，"骑射国语，乃满洲之根本，旗人之要务"（《清朝通史》）。满人极为重视八旗子弟的骑射武功，甚至因此设计了一整套方便骑射的衣冠制度。加之清朝统治者认为，契丹、金、蒙古等少数民族之所以丧失政权，被汉族同化，皆因废弃了本民族的衣冠、语言等习俗，因此清朝统治者在入关后，服饰并未大改，在很大程度上保留了适于狩猎骑射的民族特色。

　　在满族社会，骑射并不是男子的专利，女子也骑射成风。《建州闻见录》载："女人之执鞭驰马，不异于男。"游牧生活，风餐露宿，并不需要浓妆艳抹，因此满族在入关之初一直保持着非常质朴的民风。清初的满族女子追求的是健康开阔的美，妆容极其清淡，几乎是素面朝天。

　　清初，满族统治者要求汉人一律剃发易装，遵从满俗，极大地伤害了当时汉族人民的民族自尊心，激起强烈抵抗，使得政局不稳，这迫使清政府在制定服饰制度时，采纳了明末遗臣金之俊的"十从十不从"建议。其中便有一条为"男从女不从"，即男子必须从满俗，而女子则可以满女从满俗、汉女从汉俗。于是，清代汉族女子的妆容延续明代的传

唐力行：商人与中国近世社会 [M]．杭州：浙江人民出版社，1985．

统，维持着端庄恭俭、低眉顺眼的形象，而缠足与守节之风则愈演愈烈。据统计，仅安徽歙县一地，明清两代（至咸丰年间）旌表与未旌表的烈女共计 8606 人，其中清代又是明代的十倍左右*。欲守节便禁招摇，在这样的社会风气影响下，清代女子的妆容越发简化，甚至连风行了上千年的面饰也愈发少见。

于是我们发现，在清代，出于不同的原因，满女和汉女在脸部妆容的简化上殊途同归。此时，二者在妆饰文化上的最大分野是对待脚的态度。汉女在缠足的道路上愈发偏执与变态；而满女则保留天足，遵守祖制，依旧骑射，很好地保留了游牧民族彪悍的本性。仅从这一点上，我们似乎也能品出当时汉族政权衰落之不可逆转。

当然，随着满汉长期错居，服饰妆容也必然相互影响。中原生活的富足与安逸，使得满族女性越来越愿意接受汉族文化创造出的脂粉香风。汉女虽然在妆容上不好浓艳，但上千年积累的"美养兼顾"的妆品制作理念与技艺大大影响了晚清贵族女性们的妆台之好，其中又以慈禧太后为人间极则。加上清末西风东渐，传统与创新相辅相成，清末女子的妆容甚至呈现出些许西式风情。中国传统的化妆法逐渐被淘汰，西洋的化妆术开始流行。年轻女子开始留额发，打破了成人不留额发的旧俗。女性的发式也不再受年龄与身份（已婚和未婚）的限制，变得随心所欲了。

随着商品经济的发展，清末时，上海已有面向女性消费的化妆品、饰品专卖店了。咸丰年间苏州人朱剑吾经营的"老妙香宫粉局"集产销于一身，前店后厂，以香粉、生发油为主要产品，为沪上首家化妆品工厂。"老妙香宫粉局"生产的香粉、香油占领了清末的上海及浙江市场。后来，粉局开发了护肤的"宫粉"，因受到皇帝青睐而销路大开。为扩

铜架香水瓶，高 28 厘米，宽 11 厘米，晚清后妃所用香水多为此类西洋贡品。故宫博物院藏

大营业，粉局迁至汉口路昼锦里。昼锦里因香粉工厂、化妆品经销店汇集而几乎成为一条脂粉街，被称为"香粉世界""女人街"。

由素颜走向西化的清宫装扮

清代实行满汉不通婚（旗民不结亲）的政策，挑选秀女只面向旗人。因此，除了极少数例外者，清宫中一般不用汉人作宫女，更不能充嫔妃。所以，清宫装扮，基本上就代表满女装扮。

＊ 金易、沈义羚：宫女谈往录 [M]．
北京：紫禁城出版社，2010．

＊ 此名称引自《宫女谈往录》中
宫女的口述。

从清宫保留下来的大量后妃的容像来看，清初后妃大多素面朝天，不论常服像还是朝服像，无不如此，非常务实且质朴。她们身份的贵重，主要体现在华丽的服装和冠戴上。这一时期的容像反映了满女显著的配饰特色——一耳多钳，即一个耳朵上戴多个耳环（至乾隆三十一年，即 1766 年，才正式规定为一耳三钳）。至于宫女，宫规要求必须朴素，直到晚清也未曾改变。随侍慈禧前后达八年之久的宫女何荣儿回忆清宫往事时讲道："清宫里有个好传统，当宫女的要朴素，说话行动都不许轻浮。要求有宫廷气派，像宝石玉器一样，由里往外透出润泽来，不能像玻璃球一样，表面光滑刺眼。所以我们宫女不许描眉画鬓，也不穿大红大绿。一年四季由宫里赏给衣裳。……除去万寿月（旧历十月老太后的生日月）能穿红的、擦胭脂、抹红嘴唇以外。……清宫二百多年，宫女很少出过丑事，这也是制度严的关系。"＊

到了清中期乾隆朝，这位"十全老人"既继承了康雍两帝建立的辉煌盛世，又延续着自己的文治武功，恩威并重，创造了属于他的六十年乾隆盛世。相比于开国几代帝王的恭谨庄重，乾隆帝在艺术上追求广收博取、海纳百川，显然活泼了很多。满族后妃的妆容也因此有了一些变化，其中最大的特色体现在"地盖天"＊的唇妆上。所谓"地盖天"，就是指只妆点下唇，不妆点上唇。乾隆朝流行的样式是下唇涂满，上唇素色，很多后妃像中人物都作如是装扮。至于"地盖天"的流行起因，史书中并无提及，当为一种时代审美。

乾隆时期眉形则大多较为平顺，多为眉头略粗、眉尾稍细的蛾眉款式，使用胭脂非常克制，基本不画眼妆。

到了道光朝，下唇的妆点逐渐缩小，不再涂满整个下唇，至晚清终于缩成圆圆一个红点。这应该是满汉长期错居之后，受汉族樱桃小口审

1—4　从左到右依次为皇太极孝庄文皇后、顺治帝孝康章
皇后、康熙帝孝诚仁皇后、雍正帝孝圣宪皇后，多为素颜。
故宫博物院藏

| 1 | 2 |
| 3 | 4 |

1　清郎世宁《乾隆忻嫔像》。美国克利夫兰美术馆藏

2　《乾隆帝妃古装像》（局部）。故宫博物院藏

3　清道光帝彤妃画像，此时的下唇妆点开始逐渐缩小。广州博物馆藏

4　清道光帝孝全成皇后朝服像，图中人物画八字眉，下唇妆点鲜红而小巧。故宫博物院藏

溥仪父亲载沣的生母刘佳氏，她的下唇妆点已缩小为一个
樱桃大的圆点，脸上敷有白粉，眉形小巧而弯曲

美喜好的影响所致。《宫女谈往录》中也专门对此有过讲述："我们两颊是涂成酒晕的颜色，仿佛喝了酒以后微微泛上红晕似的。万万不能在颧骨上涂两块红膏药，像戏里的丑婆子一样。嘴唇要以人中作中线，上唇涂得少些，下唇涂得多些，要地盖天，但都是猩红一点，比黄豆稍大一些。在书上讲，这叫樱桃口，要这样才是宫廷秀女的妆饰。这和西洋画报上的满嘴涂红绝不一样。"这段记载，既记录了晚清宫廷满女的妆容特点，也间接传达出西洋妆容开始被国人所熟知。很快，末代皇后婉容便成了西洋妆容最早的尝鲜者之一。西式自然而饱满的唇妆开始燃起星星之火（而其燎原之势则要到民国中期了），"樱桃小口一点点"的中式唇妆则逐渐式微，并最终退出历史舞台。

身为中国的末代皇后，婉容的生活不可避免地受到西方的影响与冲击。婉容的父亲郭布罗·荣源是位开明人士，时任内务府大臣，一直主张男女平等，认为女孩子应该和男孩子同样接受教育。因此，他不仅教婉容读书习字、弹琴绘画，还特意聘请了在中国出生的美国人任萨姆女士为英语老师。我们从婉容的传世照片可以看到，即使是在清宫生活的阶段，身着传统袍服的婉容，妆容审美也明显出现了西化的倾向。中式古典妆容与西式妆容最大的风格区别在于对眼妆和唇妆的态度：中国自古不画眼妆，追求素眼朝天之天趣美，而唇妆则尽量往小画，反而以改变原有自然唇形为乐；西方则正好相反，喜爱画浓重的眼线与眼影，唇妆反而依据原有唇形进行描画。从照片看，晚晴时期的婉容不仅开始画眼线与眼妆，也很少有"地盖天"的戏剧化造型。1924年北京政变后，婉容随溥仪离开紫禁城，她开始改变在宫中的装束，换上了时装旗袍和高跟皮鞋，烫卷了头发，毅然决然抛弃了过去繁重的珠玉枷锁，成了租界中的"摩登女性"。这时的婉容在妆容上已经完全融入西方世界，大

1

2

1　婉容宫中照片，此时的婉容黛眉长描，画有眼线，唇妆自然，服
装发式依旧传统，妆容已有西化的倾向

2　婉容与溥仪。婉容穿着改良旗袍，烫发，妆容已然完全西化。故
宫博物院藏

胆地依据原有的唇形涂画出性感的红唇，刻意修剪过的纤细长眉也与清宫中的自然天趣大相径庭。至此，中国人的妆容开始走上了与国际接轨的道路，不再回头。林语堂夫人廖翠凤与周文岛所写《十九世纪的中国女性美容术》一文载："现在摩登的化妆术正在急遽地提倡，以前传统的化妆旧法几乎全被淘汰了。尤其是居住在沿海都市里的中国女子，她们对于修饰和美容都是崇尚西法的。"*

满洲的先人原本惯于辫发，女性蓄发之后，头发较长，从中央向两侧分开，编为辫子后盘于头顶，再用发簪等加以固定，称之为"盘头"或"盘发"（见本书第 232 页），这是满蒙共有的一种习俗。在这种"盘发"的基础上，要裹上一种名为"包头"的布绸，复杂一点的，还会直接在包头上使用不同的簪钗进行装饰。

盘发包头上的装饰最初是简单的临时拼组，随着清朝国力日益强大，满女头饰从朴素的简单簪钗逐渐发展为大型凤簪，盘发包头要更适合固定的大型簪钗。于是到了雍正朝，将盘发包头的样式扩大并且固化的钿子应运而生。一个完整的钿子由三部分构成，从里到外分别是骨架、钿胎和钿花。针对不同的场合，钿子的使用规则、钿花装饰也有区分，大体分为"满钿""半钿""凤钿"和"挑花钿子"四种类型。钿子一直到清末都十分流行，主要应用在吉服、常服、便服等服制场合。

清宫剧中最常见的满女发式是两把头。所谓"两把头"，指的是这种发式的基础构成，即先将头发收拢后分成两缕，各自梳成一个"把"。两把头形成于清中叶，主要搭配便服使用，并未收入清代官方服制之中，而在民间，两把头则有着独特的发展过程。根据晚清旗人鲍奉宽《旗人风俗概略》等的说法，清代两把头的发展从形成到消亡，一共经

1　2

1　清初旗人命妇包头插凤簪像（局部）。美国弗利尔美术馆藏

2　佩戴点翠满钿的清中后期旗人命妇吉服像（局部），人物下唇有一点唇珠。美国弗利尔美术馆藏

历了五个阶段。

第一阶段的两把头约在乾隆、嘉庆时期流行，又名"知了头"。根据鲍奉宽的说法，此时的两把头，"头顶盘发一窠，耳前双垂蝉翼。后鬓不可知"。只可惜"知了头"只见于文字记载，其装饰方法等皆不甚明了，《弘旿行乐图轴》中的女子形象可以略供参考。

第二阶段的两把头约在嘉庆、道光时期流行，又名"架子头"。此一阶段的两把头，是将头发整体收拢在脑后，分开两缕，梳成两个"把"。两个"把"从头顶、耳前移到脑后，往水平方向拉直，成极具特征的"八字形"。两个"把"的上端还要分别插戴不同的花卉，在两端插戴花卉处，还会根据情况装饰数个小型簪钗。总之，此时所有的装饰基本都是被"架"在两把头之上的。

第三阶段的两把头约在咸丰、同治时期流行，又名"一字头"或"小两把头"。这一时期两"把"的位置越来越从"八"字形"一"字变化。颈后则垂发梳成"燕尾"。装饰模式则和嘉道时期相差不大。

第四阶段的两把头，主要流行于光绪时期，又名"宫头"。其梳法

是先将头发整体收拢在脑后，分开两缕后，使用两个铁叉梳成两个"硬翅"，再使用一种名叫"扁方"的长一尺左右的扁簪，捆绑硬翅至平直，"呈一字形"，再"牵引翅发，双搭扁方梁上，照 X 字式盘铺之"。最后"所余发稍，绕盘头顶。发短则加以髢髢，外以略粗赤绳围之。其后矜奇斗艳，有结彩穿珠为饰者，谓之头座"。颈后则照同治朝的流行式样，梳成"燕尾"。硬翅、扁方、头座的应用，使得两把头体量开始变大。硬翅逐渐被拉长、拉宽，又形成"拉翅两把头"。拉翅是将硬翅整体向上调整，从"垂在脑后"变为"立于脑后"。这种"拉翅"的行为对于发量也有更高的要求，很多女性发量不够，便选择使用假发制成"拉翅"，来弥补不足。到了庚子年（公元 1900 年）之后，直接使用缎子制作成型的"拉翅两把头"出现了。这种拉翅两把头十分方便，使用时，只需要用真发梳成"头座"，再将成形的缎制拉翅固定在头座上即可。

　　第五阶段的两把头在宣统朝前后形成，主要在宣统朝和民国中期流行，以"大拉翅"而闻名。"大拉翅"是在"缎制拉翅两把头"的基础之上，使用更大的拉翅，固定搭配头正，并且挂上穗子。民国初年末代

◁1 2

1 孝慎成皇后行乐图（局部），人物梳"架子头"，地盖天唇妆，一字眉，一耳三钳。故宫博物院藏
2 孝贞显皇后像（局部），人物梳"拉翅两把头"。故宫博物院藏
○
梳"一字头"的旗人妇女像，法国摄影家费尔曼·拉里贝20世纪初期在华期间拍摄

皇后婉容的便服照，所梳即为"大拉翅"。这种夸张的表现手法，也是清代旗人女性发式的绝唱。

从满女的发型可以看出，清代满族的首饰和汉族有很大区别，不仅出现了钿子、扁方、大拉翅等汉族不曾有的款式，首饰材质和制作工艺也和明代汉人有很大的不同。这种分化，和满族统治者力求防止被汉族同化、保持"满洲之根本"、勿忘祖制的政治诉求有直接的关系。

前面提到过的"一耳三钳"，是区分满汉身份的一个重要标志。另外，满人戴朝服冠之前用于约发的金约（额箍），朝服穿戴好用于压领的领约（项圈），在乾隆朝被融入男女官服体系内的朝珠，挂于女性袍褂外的采帨，由射箭时使用的武具转化成的男性扳指、保护指甲的长护指等，都富有强烈的满族特色，并且大大丰富了中国古代首饰的门类。

满族在首饰材质上有一大特色——极度重视东珠。有清一代，只有皇帝的母亲、嫔以上的妃子及皇太子妃才可戴东珠耳饰，且以东珠的等级区分身份尊卑。清代皇室爱用珠宝，并不单纯因为矿石的美丽，更出于珠宝所代表的德行和内涵。

清人所说的东珠，是产于东北松花江下游和黑龙江、牡丹江、嫩江等河川的淡水珍珠以及沿海的海水珍珠，早年被称为"北珠"。《大金国志》载："女真在契丹东北隅……土产人参、蜜蜡、北珠……"《满洲源流考》云："东珠出混同江及乌拉、宁古塔诸河中，匀圆莹白，大可半寸，小者亦如菽颗。王公等冠顶饰之，以多少分等秩，昭宝贵焉。"这说明东珠对于满族贵族男女来说，是身份的象征。东珠的质量，一般色多带绀黛，浑圆者较少，色呈淡金及圆硕者，"或百十内得一颗"。仅就故宫所藏东珠来看，多数无光而色微泛青，并不及产于南方沿海的南珠光莹，有点像南珠掉了皮的感觉，这与蚌类的生长环境有关。但清廷仍将其规定为品秩至高者服饰上才可使用的珠宝，是因为东珠主要产于清廷龙兴之处，又是使其富强的珍宝，对满人有着极其特殊的意义。

除了使用东珠，清人在首饰选择上的另一特色是抛弃了对黄金的执念，转向追求点翠与镶嵌各色珠宝，这使得清代的首饰不再以黄澄澄的金色为主流，而变得色彩斑斓。清代首饰所使用的珠宝可谓种类繁多，珍珠、珊瑚、玉石、琥珀、绿松石、翡翠、碧玺、水晶、玛瑙等天然宝石，都可以在传世实物中找到。除了天然宝石之外，随着西风东渐，欧洲人喜爱的钻石及各种人造宝石，如玻璃、珐琅，也逐渐出现在清后期的首饰当中。金属的托座因为被点翠与珠宝所掩盖，以银镀金或铜镀金的材质居多。这种首饰装饰风格和清朝统治者为少数民族起家，且发家于物资匮乏之地有关，生活环境色彩的单调使得他们对明艳的色彩与繁缛的装饰有着极其强烈的心理渴望。因此，繁复多样的纹样与斑斓绚丽的色彩也就成了清代满人首饰的鲜明符号。

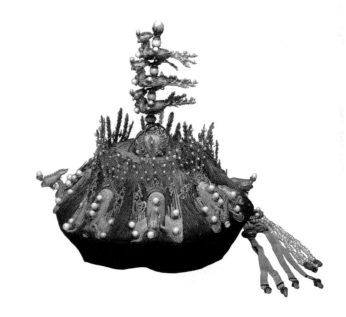

1

  2

    3

1　《贝勒弘明嫡妻完颜氏吉服像》（局部），人物头戴凤钿、遮眉勒，一耳三钳，颈戴约领、三挂朝珠，胸前挂有采帨，妆容素雅。美国史密森学会藏

2　装在木匣内的三副金龙衔东珠耳饰，三副一组。材质为金、东珠、珊瑚、青金石、绿松石。台北故宫博物院藏（蔡玫芬.清宫的特殊耳饰：一耳三钳[J].故宫文物月刊.台北：台北故宫博物院，2012.）

3　清代皇贵妃夏朝冠，金凤上镶满东珠，最上面的东珠顶珠更是价值连城。台北故宫博物院藏（蔡玫芬.皇家风尚：清代宫廷与西方贵族珠宝[M].台北：台北故宫博物院，2013.）

1　　　
　　2
3

1　清同治时期菊花簪，材质为铜镀金、蚌珠、翠玉、珊瑚、碧玺、翠羽。台北故宫博物院藏（蔡玫芬．皇家风尚：清代宫廷与西方贵族珠宝 [M]. 台北：台北故宫博物院，2013.）

2　喜字珠翠钿子，材质为铜鎏金、翠羽、珍珠、珊瑚、织品。台北故宫博物院藏（蔡玫芬．皇家风尚:清代宫廷与西方贵族珠宝 [M]. 台北：台北故宫博物院出版，2013.）

3　清改琦《元机诗意图轴》中画八字蛾眉、樱桃小口的汉装女子。故宫博物院藏

脚重于头的汉妆女子

由于"男从女不从"的政策，清代的汉族女子可以依旧从汉俗，因此妆容审美延续明代的传统。只是由于封建礼教愈发严酷，清代面妆比明代更为朴素，延续了上千年的面饰也很难见到了；而缠足之风愈演愈烈，流行范围之广和足尖之小，均已超过元、明时期。

清代，汉族男子在政治上遭遇没落，在家庭当中便愈发强化对女性的控制。汉族女子的生活愈加艰难，因而更加委顺从命，卑微恭谨。清代人物画中的汉族女性大多呈现低眉顺眼、楚楚娇人之状。面妆愈发清淡，眉妆则多为眉头高而眉尾低，眉身修长纤细，眉形略呈八字。在唇妆上，清代汉族女子仍以樱桃小口为美，既有弱化唇色的，也有"地盖天"的，还有上下唇都往小里点染的。李渔在《闲情偶寄》中曾形象地描述当时的点唇之法："点唇之法，又与匀面相反，一点即成，始类樱桃之体。若陆续增添，二三其手，即有长短宽窄之痕，是为成串樱桃，非一粒也。"这种"一点即成"的樱桃小口在费丹旭的仕女画中非常常见。

至晚清，随着西方文化的输入，西式自然饱满的唇妆开始出现，到民国中期广泛流行。至此，樱桃小口一点点的中式唇妆逐渐式微。

除了彩妆，在明清时期的江浙一带，女子在出嫁之前两三日，还要请专门的整容匠用丝线绞除脸面上的汗毛，修齐鬓角，称为"开脸"，亦称"剃脸""开面""卷面"等。这也属于妇女的一种妆饰习俗。明代凌蒙初《二刻拍案惊奇》中写："这个月里拣定了吉日，谢家要来娶去。三日之前，蕊珠要整容开面，郑家老儿去唤整容匠。原来嘉定风俗，小户人家女人箆头剃脸，多用着男人。"西周生的《醒世姻缘传》中也有描写："素姐开了脸，越发标致的异样。"《红楼梦》中的香菱嫁给薛蟠

之前,也是"开了脸,越发出挑的标致了"。可见,开脸是当时女子人生最美丽的时刻,也是由姑娘变成妇人的标志。

开脸的具体方法是:用一根棉线浸在冷水里,少顷取出;脸部敷上细粉(不用乳脂),将线的一端用齿咬住,另一端则拿在右手里,再用左手在线的中央绞成一个线圈,用两个指头将它张开;将线圈贴紧肌肤,用右手将线上下推送。这动作的功效犹如一个钳子,可将脸上所有的汗毛尽数拔去。如果开脸者技术高明,那会和用剃刀一样不引起痛苦。在有些地方(如浙杭一带),除婚前开脸外,婚后若干时间必须再行一次,俗称"挽面"。有些地方在婚后需要时可随意实行,绝无拘束。

直至近现代,部分农村地区仍保有这种习俗。例如在海南新安村,"开脸"便是尚存的古风之一。这里有些老人每月开一次脸,把开脸当作享受,但尚未出阁的女子想要拔除脸上的汗毛,却是大悖礼教。

在晚清，贵族男子之中还流行一种非常奇异的装束"乞丐妆"，即故意把自己打扮成乞丐的样子。这种装扮和唐代的胡妆、辽人的佛妆等，在观念上有着根本的不同。虽同属奇妆，但后者属于一种少数民族风情的展示，乞丐妆则体现了晚清男子对个性意识的追求，和今人追求另类的心态是一样的。清代李岳瑞《春冰室野乘》对此有详细记载："光绪中叶，辇下王公贝勒暨贵游子弟，皆好作乞丐装。……争以寒乞相尚，初仅见诸满洲巨室，继而汉大臣之子孙，亦争效之。……犹忆壬辰夏六月，京师燠暑特盛，偶登锦秋墩避暑……邻坐一少年，面黧黑，枯瘠如疧，盘辫发于顶，以骨簪贯之，袒裼赤足，仅着一犊鼻裤，裤长不及膝，秽黑破碎，几不能蔽其私，脚蹑双履破旧亦如之。最奇者，右拇指穿一汉玉班指，数百金物也……俄而夕阳在山……则见有冠三品冠、拖花翎者两人，作侍卫状，一捧帽盒衣包，一捧盥盘漱盂之属，诣少年侧……少年竦然起，取巾帨面讫，一举首……黧黑者忽变而白如冠玉也，然后悟其以煤灰涂面耳。……友人哂曰：'君尚不知辇下贵人之风气乎？'乃屈指为述如某王、某公、某都统、某公子，皆作是时世妆。"

到了清代，缠足之风愈演愈烈。袁枚在《答人求妾书》中说："今人每入花丛，不仰观云鬓，先俯察裙下……仆常过河南入二陕，见乞丐之妻，担水之妇，其脚无不纤小平正，峭如菱角者……"看人只看脚而不顾其他，这种颠倒至极的审美观虽然受到一些有识之人的批判，但清朝缠足之风已是越刮越烈。在汉族高官和封建文人中，小脚崇拜之风空前浓重，甚至出现了一小批小脚癖和拜脚狂。

究竟什么样子的小脚才算最美的呢？清代文人知莲在《采菲新编》的《莲藻》篇中描述得淋漓尽致，文中不仅对妇女的小脚赞美有加，更把小脚之"美"总结成四类：形、质、姿、神。"形"之美讲究锐、瘦、弯、平、正、圆、直、短、窄、薄、翘、称；"质"之美讲究轻、匀、整、洁、白、嫩、腴、润、温、软、香；"姿"之美讲究娇、巧、艳、媚、挺、俏、折、捷、稳；"神"之美则讲究幽、闲、文、雅、超、秀、韵。且对每一个字都有一番精辟描述，对小脚的领会已达极致。

除了《莲藻》篇之外，清代文人品评小脚的"专著"还有很多。风流才子李渔对小脚颇有研究，他提出小脚"瘦欲无形，越看越生怜惜，此用之在日者也；柔若无骨，愈亲愈耐抚摩，此用之在夜者也"，而且指出小脚的魅力不仅在于小，还要"小而能行""行而入画"。此外，文人方绚还写了一本专门品评小脚的《香莲品藻》，内载香莲宜称、憎疾、荣宠、屈辱等五十八事，并列有"香莲五式""香莲三贵""香莲十八名""香莲十友""香莲五客""香莲三十六格"等种种条款，对妇女的一双小脚不厌其烦地描摹、品评和赞美。对于缠足这样一件已经消失的习俗，后人可以通过这些文字约略领略到当时小脚崇拜的审美核心。

用当代人的眼光来看，缠足是对肢体的摧残，穿上小鞋的照片尚可观摩，脱去缠脚布的照片真是触目惊心。但为什么自宋朝以后，缠足之风会愈演愈烈，一直到清代达到鼎盛呢？个中的原因，笔者认为有两条最有说服力。其一在于外因，那便是前文提过的封建礼教导致的男尊女卑。其二在于内因，那便是努力便可见成果。《对于采菲录之我见》一文中有这样一段阐述："天下古今的妇女，全是爱美成性，全是时髦的奴隶，她们只要能获得'美'的称誉，纵然伤皮破肤，断骨折筋，也在所不辞。"在医疗美容还不发达的古代，容貌、身材、肤色只能靠天赐，唯有一双小脚是靠人力缠束而来。靠自己的努力和坚忍能得到社会认可，甚至阶层晋升，使得当时的女性找到了一种人生二次选择的路径。于是你缠我也缠，你小我更小，缠足之风愈演愈烈，一发而不可收。

▷ 1
2

1 1901年的中国香港歌妓，右边女子翘着小脚，还可清晰地看到鞋跟的高底。美国国会图书馆藏
2 1901年中国缠足的年轻女孩们。私人收藏

妆品发展

中国古代妆品发展到明清，在道与器两方面都到了集大成点。

综观中国古代化妆史，浓艳的妆容或被列为服妖加以禁止，或仅仅局限于宫掖、青楼、歌伎舞姬所为，而薄施朱粉、浅画双眉的"薄妆""素妆"与"淡妆"才始终是主流。"薄妆"与"厚妆"相对，"厚妆"为了掩盖脸上的瑕疵，要在脸上涂上极其厚重的粉底，并浓绘胭脂与唇妆，与其说是对面容的修饰，不如说是对面容的再造。"薄妆"正符合孔子的"绘事后素"观，必须在素朴之质具备以后，修饰才有意义，强调的是对人本真自然之美的有限度的修饰。素朴之美是其本，化妆修饰是其表，切不可本末倒置。于是，为了保有本真之美，注重自我内在肌体的保养便非常重要。美养合一，这是中国妆品制作的基本逻辑。

在中式妆品的造物理念中，彩妆品和护肤品是彼此圆融的，化妆要兼顾养颜的功效。古时宫中供应妆品的机构是"尚药局"，这是因为中国古方妆品大部分配方都记载在中国历代的经典医书中，可见妆品的制作是和中医药紧密联系在一起的。美养合一的特性，使得中式妆品既是美化面部的即时妆品，又是经得起时光考验的妆台保养品。

《周易》曰：生生之谓易。中国文化的生命观是追求"万物化生""生生不息"，在变化中追求生命的律动。同样，中式妆品也没有恒定的标准，而是追求物质的转化带来的魅力。古方妆品的合香，并不要求香材的绝对纯度，而是追求香气的融合和原料的多样，使得气味随着香料的陈化和体温的变化而转变，犹如品茶一般，让人感受到时间的流淌。

明清的妆品，在集前代之大成的基础上有新的发展。首先在妆粉方面，除了沿用前代的一系列妆粉外，又出现了很多新类型的妆粉。例如

同治年制象牙雕花镜奁。清代后妃喜爱化妆，此奁专供梳
妆之用，上层为装香粉、胭脂的牙雕盒，下层是内嵌玻璃
镜的双门柜，匣内有放梳具的抽屉。故宫博物院藏（清史
图典编辑委员会．清史图典·咸丰、同治朝 [M].北京：紫
禁城出版社，2002）

明代妇女喜用一种以紫茉莉的花种提炼而成的纯植物妆粉"珍珠粉"和一种以玉簪花合胡粉制成的"玉簪粉"，其中"珍珠粉"多用于春夏之季，"玉簪粉"则多用于秋冬之季。明代秦兰征在《天启宫词》中曾云："玉簪香粉蒸初熟，藏却珍珠待暖风。"诗下注曰："宫眷饰面，收紫茉莉实，捣取其仁蒸熟用之，谓之珍珠粉。秋日，玉簪花发蕊，剪去其蒂如小瓶，然实以民间所用胡粉蒸熟用之，谓之玉簪粉。至立春仍用珍珠粉，盖珍珠遇西风易燥而玉簪过冬无香也。此方乃张后从民间传入。"曹雪芹在《红楼梦》中对玉簪粉有生动明确的描述，在第四十四回《变生不测凤姐泼醋 喜出望外平儿理妆》中，平儿含冤受屈，被宝玉劝到怡红院，安慰一番后，劝其理妆。"平儿听了有理，便去找粉，只不见粉。宝玉忙走至妆台前，将一个宣窑瓷盒子揭开，里面盛着一排十根玉簪花棒儿，拈了一根递与平儿。又笑说道：'这不是铅粉，这是紫茉莉花种研碎了，兑上香料制的。'平儿倒在掌上看时，果见轻白红香，四样俱美，扑在面上也容易匀净，且能润泽，不象别的粉涩滞。"

此外，清代妇女还喜爱用珍珠为原料加工制作妆粉，称为"珠粉"。清黄鸾来《古镜歌》中曾云："函香应将玉水洗，袭衣还思珠粉拭。"就连皇后化妆用的香粉，也是掺了珍珠粉的。近人徐珂在《清稗类钞》中记载有："孝钦后好妆饰，化妆品之香粉，取素粉和珠屑、艳色以和之，曰娇蝶粉，即世所谓宫粉是也。"不论是植物型妆粉，还是蚌珠磨制的珍珠粉，都属于天然原料制成的妆粉，这种对天然妆粉的喜爱一直延续到晚清。据晚清林语堂夫人所写《十九世纪的中国女性美容术》一文所载，此时的女子化妆时"先在脸上敷一层薄薄的蜜糖当作粉底，然后敷粉。但所敷的地方不仅是鼻子，却是敷遍整个的脸。她们根本不懂得粉扑，她们所用来扑粉的仅是丝巾和几个指头。胭脂是在敷好粉后涂在两颊上。……所用的面粉通常有两种：一种是水粉；另一种是粉饼。这两种粉都是用天然的原料做成的。"

除了用粉讲究外，明清女子用胭脂也是很讲究的。同样是在《红楼梦》第四十四回，曹雪芹对胭脂也有颇为精彩的描写："（平儿）看见胭脂，也不是成张的，却是一个小小的白玉盒子，里面盛着一盒，如玫瑰膏子一样。宝玉笑道：'铺子里卖的胭脂都不干净，颜色也薄。这是上好的胭脂拧出汁子来，淘澄净了渣滓，配了花露蒸叠成的。只要细簪子挑一点抹在手心里，用一点水化开抹在唇上，手心里就够打颊腮了。'"这里所谓"上好的胭脂"，当是指红蓝花。而"玫瑰膏子"则指的是一种以玫瑰花瓣为原料制成的胭脂。慈禧便是制作这种胭脂的行家。

嗜妆极则慈禧太后

中国历史上最有权势的两个女人，一个是唐代的武则天，一个便是清代的慈禧太后。只是慈禧相较于武曌，只有占有天下的野心约略可以相提并论，从格局和才智上，则完全不可同日而语。她们的统治一个上行走向强盛，一个下行走向衰落。慈禧手握重权却又不善治国，还把大量的精力投入在享乐与保养之中，她对妆品的嗜好、在保养上投入的心力，堪称人间极则，也代表了清代宫廷妆容保养的最高标准。

《宫女谈往录》记载了慈禧对化妆的重视："尽西头的一间，是她的卧室兼化妆室……临窗东南角有一架梳妆台，这是老太后最心爱的东西。她亲自研制的化妆品，都放在这里。她早、中、晚要在这里消磨两三个小时。老太后是个爱美的人，也教别人爱美。她常说：'一个女人没心肠打扮自己，那还活什么劲儿呢？'"慈禧很擅长保养，每天早上要先用热水泡手，把手背和手指的关节都泡松软了，再用热毛巾敷脸，减少脸上的皱纹，再吃一碗银耳羹，补充胶原蛋白。都忙活完了，她"坐在梳妆台前，由侍寝的给轻轻拢拢两鬓，敷上点粉，两颊手心抹点胭脂，然后才传太监梳头"。"梳完头以后，老太后重新描眉毛，抿刷鬓角，敷粉擦红。六十多岁的老寡妇，一点也不歇心，我们看着都有点过分"。宫女最后这句评论心直口快，却是一针见血。慈禧对自用的妆品很是在意，都是自己研制的。

　　例如胭脂。一过阴历四月中旬，京西妙峰山就要进贡玫瑰花，给宫里做玫瑰胭脂。"首先要选花，要一色砂红的……要一瓣一瓣地挑，一瓣一瓣地选，这样造出胭脂来才能保证纯正的红色。几百斤玫瑰花，也只能挑出一二十斤瓣来。内廷制造，一不怕费料，二不怕费工，只求精益求精，没这两条，说是御制，都是冒牌。""选好以后，用石臼捣……成原浆，再用细纱布过滤。纱布洗过熨平不许带毛丝，就这样制成清净的花汁。然后把花汁注入备好的胭脂缸里，捣玫瑰时要适当加点明矾，说这样颜色才能抓住肉，才不是浮色。再把蚕丝棉剪成小小的方块或圆块，叠成五六层放在胭脂缸里浸泡。浸泡要是多天，要让丝绵带上一层厚汁。然后取出，隔着玻璃窗子晒，免得沾上尘土。千万不能烤，一烤就变色。用的时候，小拇指把温水蘸一蘸洒在胭脂上，使胭脂化开，就可以涂手涂脸了，但涂唇是不行的。涂唇是把丝绵胭脂卷成细卷，用细卷向嘴唇上一转，或是用玉搔头在丝绵胭脂上一转，再点唇。"这样点出的效果即我们前面讲过的黄豆大小的"地盖天"。

　　慈禧不仅对自己要求高，对身边的宫女要求也很高。她把宫女当成装饰品看待，别人的装饰品是万万不能胜过她的，所以她身边的宫女尽

慈禧用黄杨木描金彩杂锦梳具，匣长 29.2 厘米、宽 20.7
厘米、高 3.7 厘米。故宫博物院藏

大清慈禧皇太后

258					《慈禧太后便服像》，图中可见长护指。故宫博物院藏

管因为规矩不能穿红戴绿，但是在保养皮肤上自有一套讲究。譬如擦粉，宫女自述道："我们白天脸上只是轻轻地敷一层粉，是为了保护皮肤。但是我们晚上临睡觉前，要大量地擦粉，不仅仅是脸、脖子、前胸、手和臂都要尽量多擦，为了培养皮肤的白嫩细腻。这不是一朝一夕的功夫，必须经过长期的培养才行。我们宫里有句行话，叫'吃得住粉'，就是粉擦在皮肤上能够融化为一体。不是长期培养，是办不到的……我们的皮肤调理得要像鸡蛋清一样细嫩。"这种保养方法，现代有一个名词叫擦"晚安粉"，要求粉质必须特别天然、纯净、细腻，否则容易堵塞毛孔，反而会有副作用。《金瓶梅词话》中写潘金莲也曾因西门庆夸奖李瓶儿身上白净，"就暗暗将茉莉花蕊儿搅酥油定粉，把身上都搽遍了，搽得白腻光滑，异香可掬，欲夺其宠"。这里的擦粉则又是为了另一种功效。

除了涂脂抹粉，慈禧对洗浴清洁也极为重视，在泡脚、洗澡、修指甲等方面都自有一套方法。譬如洗脚，除了要每日专人按摩放松之外，洗脚水也很讲究：三伏天，要用"杭菊花引"煮沸后晾温凉了洗，有助于"清眩明目、全身凉爽、两腋生风，保证不中暑气"；三九天，就用"木瓜汤"洗，有助于"活血暖膝，四体温和"。洗澡主要靠用热毛巾擦，光洗个上身就要用掉五六十条毛巾，为的是把毛孔眼都擦张开，好让身体轻松。老太后用的香肥皂很是讲究，被称为"加味香肥皂"，是在皂角粉中加入一些中药和香料配制而成。这种中药香皂具有改善肤质、延缓皮肤衰老、润肌护肤的功效，对皮肤瘙痒症或慢性皮炎也有一定防治作用，还有一股浓郁的药香混合着花香的气息，洗完之后感觉香气是渗入肌肤的，经久不散。

洗完澡后，老太后还要刷洗和浸泡她的长指甲。慈禧爱留长指甲是出了名的，她的所有照片中都可以看到手上长长的华丽的指甲套，这几乎成了她的一种标志。指甲长了爱弯，也容易断，所以要保养。每天晚上要"把指甲泡软，校正直了，不端正的地方用小锉锉端正，再用小刷子把指甲里外刷一遍，然后用翎子管吸上指甲油涂抹均匀了，最后给戴上黄绫子做的指甲套"。"这些指甲套都是按照手指的粗细、指甲的长短精心做的，可以说都是艺术品。老太后自己有一个小盒，保存一套专门修理指甲的工具：小刀，小剪，小锉，小刷子，还有长钩针、翎子管、田螺盒式的指甲油瓶，一律白银色，据说都是外国进贡的"。

　　总之，不论根据文字记载还是历史图片的呈现，慈禧的妆容并不追求浓艳，主要的精力还是放在内在肌体的保养上，《清朝宫廷秘方》中就记载了大量慈禧所使用的保养配方，如"慈禧太后加减玉容散""西太后沤子方""老佛爷玉容葆春酒""老佛爷香发散"等。即使她所用的彩妆，也是以追求美养兼顾、香药同源为宗旨的，而这恰恰是东方妆道的核心追求。

　　中国古代的妆容文化滥觞于史前，成形于两汉，高潮于大唐，转折于两宋。到了清代，满汉两族女性妆容基本是延续着宋明以来的清雅传统，唯在唇妆上出现了具有满族特色的变异。及至晚清，随着西学东渐，女性妆容慢慢开始受西洋风格影响，中式古典妆容的程式逐渐被打破。在妆品制作和美容保养方面，由于历史的积淀，再加上慈禧太后的助推，则不断推陈出新，达到了中国古代妆品史上的高峰。

　　中国古代妆容之美展示至此，即将告一段落，那一个个极富中国风情的妆面让我们领略到独特的东方审美，而东方审美背后的东方智慧，则是更加珍贵的财富。

《外台秘要》记载的「崔氏造燕脂法」

备紫铆一斤（别捣），白皮八钱（别捣碎），胡桐泪半两，波斯白石蜜两碟。于铜铁铛器中，着水八升，急火煮水令鱼眼沸。纳紫铆又沸，纳白皮讫搅令调又沸。纳胡桐泪及石蜜，总经十余沸，紫铆并沉向下即热。以生绢滤之，其番饼小大随情。每浸讫得，以竹夹如干脯猎于炭火上，炙之燥，复更浸，浸经六七遍，即成。若得十遍以上，益浓美好。

---

1. 准备原料：胭脂虫、胡桐泪、白皮、白石蜜等；

2. 将所有原料混合，熬制胭脂红汁；

3. 以生绢过滤红汁；

4. 以胭脂浸染丝绵饼；

5. 将染色的丝绵饼晾干，可重复浸染–晾干动作，多染几遍，颜色愈佳；

6. 若不使用绵胭脂，调制的胭脂汁也可直接使用。

《老佛爷用药底簿》记载的「加味香肥皂」制作方法

檀香三斤，木香九两六钱，丁香九两六钱，花瓣九两六钱，排草九两六钱，广零九两六钱，皂角四斤，甘松四两六钱，白莲蕊四两六钱，山柰四两八钱，白僵蚕四两八钱，麝香八钱，冰片一两五钱。共研极细面，红糖水合，每锭重二钱。

---

1. 取檀香、木香、丁香、花瓣、排草、广零、皂角、甘松、白莲蕊、山柰、白僵蚕、麝香、冰片，研磨成细粉，按比例混合；

2. 在混合粉中加入红糖水，搅拌后搓成丸，晾晒。

附录 中国古代妆容研究的三种路径

中国古代妆容研究主要包含文献研究、图像研究和妆容复原研究三种路径。

一、文献研究

文献研究包括对古代妆容记载的文献搜集、鉴别、整理、考证和综述等。妆容记载的文献搜集主要针对三个方面：首先是妆型名称（如酒晕妆、佛妆、黄眉墨妆等）、妆容造型、化妆步骤与方式等与妆容直接相关的描述与记载，这部分资料繁杂零散，散落于正史笔记、诗文小说和戏曲杂记等各色书籍当中；其次是化妆用品的名称（如石黛、红蓝花胭脂、铅粉、澡豆等）、配方、制作技术与步骤及其最终形式与功效的记载，这部分内容可以帮助我们进行妆品复原制作的研究，进而了解复原妆品的实际上妆效果；再次就是化妆器具的名称（如妆奁、镊、笄、粉扑等）、材质、造型及用途等记载，这部分文献可以加深研究者对古代化妆方式和妆容文化的理解。同时，由于妆容必须依附于人而存在，妆容审美与人物审美息息相关，因此搜集有关人物审美的文献对于理解妆容也有间接的研究价值。在文献搜集的过程中，还要伴随着去伪存真的分析鉴别和分门别类、归纳总结等整理工作。鉴别整理完毕，还要进行名物考证和对文献进行系统、全面的叙述和评论等综述性工作。

二、图像研究

图像研究主要是对遗存的古代人物造像（例如古代人物画、人物雕塑等）中所能见到的妆容造型进行搜集与解读，其中包括解读图像的自然意义、传统意义和象征意义[*]。也就是说，要解读的是，某一特定的妆容是什么样子（如什么颜色，什么纹样等）；为什么在当时会选择这个样子（即其传承或创新的逻辑是什么）；将其放在整个历史背景下所折射出的时代特征及文化意义是什么。

中国古代妆容图像保存数量最多的时代是唐朝，其次是魏晋南北朝，这两个时代正是中国古代妆容发展的高峰期，同时也是草原文化、高原文化、西域文化与汉族文化相互交融的重要时期，因此这两个时代的妆容造型体现出鲜明的胡汉文化交融特色，而中国其他时代的妆容造型则主要以淡雅薄妆为主。

三、妆容复原

妆容复原是在前两项研究基础上的具体实操。复原不是指照着古代人物图像复制造型，复原不等于复制。按照东华大学包铭新教授的解释："复原可以理解为再现原貌。复原研究则是通过对文物本身及其相关材料的研究以求对文物原貌的再现。复原的内容可以是原物的质地（或质感）、结构、纹样、色彩和造型等。复原的根据除了出土物本身，还可参照有关联的其他出土实物、图案和文献。在此我们把复制研究这一概念与复原研究加以区分。前者是重塑（或再造）原物，后者是再现原貌；前者以获得复制品为目的，后者把复原物看成副产品或研究结果的一种表述。"[*]也就是说，复原的核心是"研究"，而不仅仅只是制作复制品这个结果。

我们知道，很多妆容仅见于典籍文字记载，而并无实际可对应的历

[*] （美）潘诺夫斯基：视觉艺术的含义 [M]
沈阳：辽宁人民出版社，1987. 潘诺夫斯基是最有影响的图像学研究学者之一，他在《视觉艺术的含义》中将图像学分析分为三个阶段，第一阶段：解释图像的自然意义；第二阶段：发现和解释图像的传统意义即作品的特定主题的解释（图像志分析）；第三阶段，解释作品更深的内在意义或内容，这称为图像学分析即潘氏所谓象征意义。

[*] 包铭新：西域异服：丝绸之路出土古代服饰艺术复原研究 [M]
上海：东华大学出版社，2007

史人物造像留存的，例如啼妆、佛妆、时世妆、鱼媚子妆容等。因此，这类妆容根本不具备复制的可能性。要复原此类妆容，不仅需要对时代审美和文献解读有深入骨髓的理解和考证，而且还要参考同时代的人物造像，再结合妆品复原的工作，并将之与造型技术手段相结合，进而通过选择与不同时代审美气质相吻合的模特，才能对这类古代妆型有一个相对合理的当代诠释。

下面以对宋代"鱼媚子"妆容进行复原的案例来简要说明我们进行妆容复原的思路与基本流程。

首先是进行文献研究。"鱼媚子"是贴于脸颊部的一种面饰，相关记载出现在《宋史·五行志·服妖》中："淳化三年，京师里巷妇人竞剪黑光纸团靥，又装镂鱼腮中骨，号'鱼媚子'以饰面。黑，北方色；鱼，水族；皆阴类也。面为六阳之首，阴侵于阳，将有水灾。明年，京师秋冬积雨，衢路水深数尺。"文后将面饰与水灾联系起来，当然是古时的迷信，但从侧面说明宋女使用此种面饰并不是个别案例，而是流行一时的盛况，这样才会引起史家的关注。

复原这个妆容最重要的是对"装镂鱼腮中骨"这个细节的考证，最初完全找不到头绪，后来在研究宋代女冠的时候，偶然发现宋代女冠中有一种"鮸冠"，记载在《碎金》中。《正字通·鱼部》载："鮸，鱼脑骨曰枕。"《尔雅》载："'鱼枕谓之丁'，俗作鮸。"所以"鱼鮸"亦作"鱼枕"，是指某些鱼类如青鱼喉部辅助咀嚼的角质增生物，打磨油浸后质地晶莹如琥珀，体量较小，可能为加工后再镶嵌在冠胎之上。南宋《百宝总珍集》中有一则"鱼鮸"，称："鱼鮸多出襄阳府，汉阳军、鄂者皆有。大者当三钱大……碎块儿每斤值钱四五贯，如有冠子铺投卖。每斤有十六七个，若是七八十个者、四百个五百个者，多着主造冠子。大者十六七个，器物之用。"说明鱼鮸并不贵重，而且在宋代很容易买到其加工制品，既可以用来装饰冠子，也可以装饰其他器物，当然也可以用来做面饰了。所以上文中的"装镂鱼腮中骨"，便应该指在用黑光纸剪成的团靥上点缀用鱼鮸打磨成的装饰品，这样做出来的面饰就叫作"鱼媚子"。那"媚子"是什么意思呢？

"媚子"这个名词常见于唐代文献中，敦煌唐代写本通俗辞典《俗务要名林·女服部》在首饰部分便列有"媚子"。北周庾信《镜赋》记载"悬媚子于搔头，拭钗梁于粉絮"，可见媚子为悬于簪钗上的一种装饰物。唐代文献中媚子往往与花钗并提，如敦煌文书《出家赞文》中"舍却钗花媚子，惟有剃刀相随"，唐张鷟《朝野佥载》记载睿宗朝一次元宵节"妙简长安万年，少女妇千余人，衣服、花钗、媚子亦称是，于灯轮下踏歌三日夜"。因此，"鱼媚子"应该就是指用鱼鮸为原材料制成

的一种装饰物，可以作为面饰，应该也可以作为首饰的组成部分。至于为什么用黑光纸，参考欧洲古代贴"美人斑"的习俗，选择黑色是为了更加衬托出肌肤的白皙。而且贴画黑色面靥，早在初唐时期就已流行，这点有很多图像为证（见本书第98页），*唐代是胡汉结合的政权，黑色面靥或是从胡地传入的一种风俗。

解决了"鱼媚子"是什么这个关键问题，接下来就是设计整体妆型了。设计妆型必然要先了解其所处的历史背景与文化思潮，进而参考同时代的人物造像，并结合同时代出土的首饰与服装文物，最终设计出符合时代特征的人物造型。"鱼媚子"妆型流行于"淳化三年（公元992年）"，这是北宋初期宋太宗的年号。宋代为了防止武官权重，实行重文抑武的政策，大大加强了思想统治。"程朱理学"逐渐得到官方认可，在实际发展的过程中，理学家所提倡的"存天理，去人欲"这一观点遭

* 李炳武．大唐歌飞的千年传奇：昭陵博物馆 [M]．西安：西安出版社，2018．

李芽：脂粉春秋：中国历代妆饰［M］．北京：中国纺织出版社，2015．

到曲解，女性被迫背上了沉重的道德枷锁。当时的人们将"节"从君子的气节，一味狭隘地解读为女子的贞节，提出了针对妇女的极为严酷的贞节观。这就使得女性的社会地位自宋代开始出现了极大的转折，成为我国两性关系从较为宽松走向严苛的开始。而为了维护女性的贞节，使得"男女有别"不仅体现在精神层面，也要体现在现实的身体层面，因此从宋代开始，对妇女肉身的约束逐渐开始强化。这主要表现在三个方面：一是妆容由唐代的浓艳招摇走向文静素朴，二是缠足开始流行，三是汉族女性开始穿耳。因此，从宋代大量的传世人物造像来看，宋代的妆容便"一反唐代浓艳鲜丽之红妆，而代之以浅淡、素雅的薄妆；在眉妆上则以纤细秀丽的蛾眉为主流；在唇妆上也不似唐代那样形状多样，而是以'歌唇清韵一樱多'的樱桃小口为美"。*北宋词人秦观的"香墨弯弯画，燕脂淡淡匀"（《南歌子·香墨弯弯画》）基本就是北宋女性平常的典型妆面。

北宋女性在发型上最具特色的就是顶髻和额发，宋代发髻的大体流行趋势是从北宋前中期的各种高大、夸张型往北宋后期的团圆型发展，额发则有"大鬓方额"和"云尖巧额"等多种梳法。在山西高平开化寺北宋壁画、河南登封北宋李守贵墓壁画中，还描绘出尖额、平额、多弧额等几种额发，山西太原晋祠圣母殿的侍女们，额发造型也各不相同（见本书第164页）。基于以上文献和图像两方面的考证，再结合对宋代历史背景的分析，我们认为北宋鱼媚子妆容设计的造型特色便是：淡扫蛾眉，薄施胭脂，轻点檀口，鱼形黑光纸团靥点缀水滴形鱼媚子，顶髻，云鬓，髻上横插一支折股钗，身穿褙子（见本书第169页）。整体造型清新淡雅，文静而有书卷气息，与北宋文教昌盛、理学盛行的时代风格相吻合。

◁
打磨油浸之后的鱼鳔．制作：李芽，摄影：凌瑛

可以说，中国古代妆容复原的过程既包含细致的客观考证，也包含主观理解与创作成分，同时还要结合妆品制作工艺与现代妆造技术，是一项研究与创作相结合、理论与技术相辅佐的综合性工作。

后记

或许是因为女性的身份，也或许是天生喜爱征服学术中冷僻的角落，我和中国古代妆饰研究纠缠了二十年。从中国古代妆饰史、中国古代妆容配方、中国古代女性审美研究，到2016年遇到王一帆、开始中国古代妆品复原研究，再到后来的中国古代首饰研究，直到今天中国古代妆容图谱的制作，一路走来，磕磕绊绊，但从未止步。我的耳畔总有一个声音悄悄地跟我说："慢慢走，但不要停。"

　　回想这一路，人生跌宕起伏，事业倒算一帆风顺，事业和生活形成了对冲，我想我还算是个幸运的人。虽然时时伴随着汗水和孤灯下的寂寞，但内心对历史的好奇和谜题破解之后充实的快感始终驱使着我不断前行。我总是能够看到不远处的光亮，看到一个个与我有着同样好奇心的前辈和同志们与我结伴同行，我们一同在探险的征途中迈进，寻找到途中的一座座灯塔，然后又毫不犹豫地将它们抛向脑后，迈向更远处的光明！

　　本书付梓之际，要感谢的人太多。首先要感谢我的合作者陈诗宇（网名"扬眉剑舞"）。他任职于出版社，从事中国传统工艺美术题材采访编辑工作以及古代服饰文化研究近十年，现在北京服装学院跟随孙机先生攻读博士，专攻传统服饰研究方向。我和他的合作源起于看到他在《中华遗产》杂志上开设的《梳妆记》专栏，这个专栏也是在做妆容历史研究和妆容复原的工作，所以我们几乎一拍即合。他对待学术研究严谨而深入，一直是我学习的榜样。

　　我还要感谢王一帆，在妆品复原技术层面，她是我的老师，给了我很多的启发和指导。她的出现，就像天上射向我的一道光，点亮了我生命中不自知的那部分沉寂。

我要感谢我们的妆容复原团队，他们是造型师裘悦佳、张晓妍、吴娴、李依洋、刘永辉、迦陵千叶，摄影师文华（泰岩摄影）、华徐永、吴西羽，摄像师白阳，模特杨述敏、张译月、李一凡、徐悦尔、张常宁、胡晓瑞、汪晨雪、冯莉、七七、张雅梦、王玥、饺子、张天晴、王格格、大乐乐、莲漪。

我还要感谢沈从文、周锡保、孙机、扬之水、周汛、高春明等前辈学者对我的引领。他们像一盏盏明灯，引导着我在古代服饰史研究的道路上坚定前行。在本书写作过程中我也得到了很多师友的帮助和鼓励，如刘永华、吴爱丽、唐瑞、伏菲、陆永金等；感谢家人对我写作期间疏于照顾的理解和支持。感谢浦睿文化为本书的编辑出版工作付出的辛劳！

我也衷心地感谢上海戏剧学院给予我平静而又宽松的治学环境。感谢"柒牌非物质文化遗产研究与保护基金"（2018 立项第 01 号）的慷慨资助！

本书中有一部分文物图片摘录自各大博物馆及各个研究者的画册，在这里一并致谢！因客观条件限制，我们很难一一寻找作者，请有关作者与我联系，并提供足够的证明材料，以便及时支付稿酬。

最后，我要郑重感谢我的儿子多多，你永远是妈妈坚持下去的动力源泉！

李芽　2021 年 5 月于沪上香景园

图书在版编目（CIP）数据

　　中国妆容之美 / 李芽，陈诗宇著. — 长沙：
湖南美术出版社，2021.7
　　ISBN 978-7-5356-9463-8

　　Ⅰ. ①中… Ⅱ. ①李… ②陈… Ⅲ. ①化妆 - 历史 - 中
国 - 古代 Ⅳ. ①TS974.1-092

　　中国版本图书馆CIP数据核字(2021)第068273号

中国妆容之美

ZHONGGUO ZHUANGRONG ZHI MEI

出 版 人	黄　啸
著　者	李 芽　陈诗宇
出 品 人	陈　昱
责任编辑	王管坤
责任印制	王　磊
出版发行	湖南美术出版社
	（长沙市东二环一段622号）
网　址	www.arts-press.com
经　销	湖南省新华书店
印　刷	上海利丰雅高印刷有限公司
开　本	889mm × 1194mm 1/16
印　张	18.25
字　数	180 千字
版　次	2021年7月第1版
印　次	2021年7月第1次印刷
书　号	ISBN 978-7-5356-9463-8
定　价	148.00元

如有倒装、破损、少页等印装质量问题，请联系电话：021-60455819

出 品 人：陈　垦
策 划 人：于　欣
监　　制：余　西
出版统筹：戴　涛
编　　辑：姚钰媛
装帧设计：张　苗

欢迎出版合作，请邮件联系：insight@prshanghai.com
微信公众号：浦睿文化